中等职业教育机械类专业"十三五"规划教材

中等职业教育改革创新教材

U0385402

模具装配与调试

主　编　张　闯

副主编　李宝玲　李　召

余娅梅　张尔薇

参　编　朱学明

机械工业出版社

本书按照工学交替的教学模式，以现场工作任务和实施方法为主线，介绍模具装配与安装调试操作方法和过程，介绍工作任务实施必备的模具装配调试基础知识、基本装配调试理论和使用与维护技能，培养学生具有适应模具装配调试岗位的综合职业能力。全书共分七个单元，内容包括认识模具和模具装配常用的工量具，模具的拆装与测绘，冲模的拆装，冲模的安装、调试与维修，注射模的装配，注射模的安装、调试与维护，仿真软件在模具装配中的应用。

为便于教学，本书配套有电子教案 PPT 授课讲义，选择本书作为教材的教师可来电（010-88379193）索取，或登录 www.cmpedu.com 网站，注册、免费下载。

本书适合于职业院校模具制造专业使用，也可供机械、机电类相关专业和现场工程技术人员使用与参考。

图书在版编目（CIP）数据

模具装配与调试/张闯主编. —北京：机械工业出版社，2017. 3
中等职业教育机械类专业"十三五"规划教材　中等职业教育改革创新教材

ISBN 978-7-111-56059-3

Ⅰ.①模…　Ⅱ.①张…　Ⅲ.①模具-装配（机械）-中等专业学校-教材②模具-调试方法-中等专业学校-教材　Ⅳ.①TG76

中国版本图书馆 CIP 数据核字（2017）第 029192 号

机械工业出版社（北京市百万庄大街 22 号　邮政编码 100037）
策划编辑：汪光灿　责任编辑：黎　艳　责任校对：刘秀芝
封面设计：张　静　责任印制：孙　炜
保定市中画美凯印刷有限公司印刷
2018 年 1 月第 1 版第 1 次印刷
184mm×260mm · 15 印张 · 362 千字
0001—2000 册
标准书号：ISBN 978-7-111-56059-3
定价：37.00 元

preface　　　　　　　　　　　　　　　前　言

　　为贯彻落实国务院关于大力发展职业教育的决定，加快模具行业人才的培养，满足模具行业发展及对一线技能型人才的需求，全面保证职业教育教学质量，本书根据职业教育模具行业技能型紧缺人才培养培训教学方案，针对职业教育特色和教学模式的需要，以及职业院校学生的心理特点和认知规律编写而成。本书以简明实用为编写宗旨，适合工学交替的现场工作过程和系统化的教学模式，主要有以下特点：

　　（1）贯彻理论联系实际的原则，注重讲练结合。建议根据本课程的性质、任务和要求，营造真实的工作氛围，尽量以实际操作带动理论知识的学习，提高学生实际操作水平和解决实际问题的能力。

　　（2）以具体模具的装配调试与维修技能为主线，工艺理论围绕技能需要编排，注重归纳总结知识，从而提高学习效果。

　　（3）引导学生逐步掌握知识和技能，激发学生的学习兴趣，充分调动学生的学习主动性和积极性。

　　（4）加强了直观性和实践性教学力度，充分利用实物、教具、模型、多媒体仿真技术和工厂车间进行演示和操作，力求使学生对模具装配调试知识建立清晰、全面的认识。

　　（5）注重对每一单元课题学习效果的评估，力求完善各单元的评估体系和方式。

　　（6）注重操作规程的执行情况，要求学生严格按照操作规程完成实训，并从各个方面强调安全生产，使学生树立"以人为中心、安全为重"的观念。

　　（7）本着"直观易懂，学以致用"的原则，采用了大量实物照片和三维造型图，分步解析装配工艺过程，使学生易于认清模具结构、零件构造和装配调试过程。

　　（8）在工学交替培养模式下，依据职业岗位标准或生产实际，校企共同开发基于工作过程的课程，本书重组、整合了教学内容，体现了当前最新的模具装配技术。按照模具装配调试岗位工作过程要求，以综合岗位行动任务为导向，现场工作任务实施方法、内容和过程为主线，学习相关设备的基础知识和使用与维护方法、过程，实现教学过程中"思维"和"行动"的统一。通过工厂现场工作任务的实施，为学生提供理论和实践一体化的链接，通过模具装配调试内容的载体，认识知识与工作过程的联系，获得综合职业能力，遵循知识、行动、目标及目标成果反馈的认知过程，培养模具装配、调试、维修岗位的实用技术人才。

　　本书建议总学时为100~200学时，按校内和现场教学1：（1~2）的学时比例分两次交替实施，具体见下表。

序号	单 元	学 时 数		备 注
		校内教学	现场教学	
1	单元一　认识模具和模具装配常用的工量具	4	4	
2	单元二　模具的拆装与测绘	6	6	
3	单元三　冲模的拆装	15	15	现场教学可分
4	单元四　冲模的安装调试与维修	10	10	两次与校内教学
5	单元五　注射模的装配	3	6	做交替安排
6	单元六　注射模的安装、调试与维护	6	8	
7	项目七　仿真软件在模具装配中的应用	10	16	

　　本书由湖北黄冈中等职业学校张闯任主编，北京技师学院李宝玲、广东南海职业技术学院李召、湖北黄冈中等职业学校余娅梅、武汉纺织大学张尔薇任副主编，盐城职业技术学院朱学明参加编写。全书共分七个单元，单元一、四由张闯编写，单元二由余娅梅编写，单元三、七由李宝玲、张尔薇编写，单元五、六由李召、朱学明编写。山东轻工学校王桂莲老师对本书提出了许多宝贵意见和建议，在此表示感谢。

　　由于编者水平有限，书中错误之处在所难免，恳请广大读者批评指正。

编　者

contents

单元一 认识模具和模具装配常用的工量具

课题一 认知模具

 学习目标

　　综合认知模具，了解模具的应用地位、分类和其常见制品，了解模具制造工艺和应用知识，掌握模具结构组成。能正确对模具进行分类；能根据制件正确选择模具类型及加工工艺。

 友情提示：本课题建议学时为2学时

 【知识描述】

　　模具成形是一种少切削、多工序重合的生产方法。采用模具成形工艺代替传统的切削加工工艺，可以提高生产率、保证零件质量、节约材料并降低生产成本，从而取得较高的经济效益。模具在现代工业的主要部门，如机械、电子、轻工、交通和国防工业中得到了极其广泛的应用。例如，70%以上的汽车、拖拉机、电动机、电器、仪表零件，80%以上的塑料制品，70%以上的日用五金及耐用消费品零件，都采用模具来生产。

　　利用模具生产零件的方法已成为工业上成批或大批生产的主要技术手段，它对于保证制品质量，缩短试制周期，进而争先占领市场，以及产品更新换代和新产品开发都具有决定性意义。因此德国把模具称为"金属加工中的帝王"，把模具工业视为"关键工业"；美国把模具称为"美国工业的基石"，把模具工业视为"不可估其力量的工业"；日本把模具说成是"促进社会富裕繁荣的动力"，把模具工业视为"整个工业发展的秘密"。我国将模具工业视为整个制造业的"加速器"。在各个工业发达国家对世界市场进行激烈争夺的过程中，越来越多的国家采用模具来进行生产，模具工业明显地成为技术、经济和国力发展的关键。随着工业产品质量的不断提高，模具产品生产正呈现出多品种、少批量，复杂、大型、精密、更新换代速度快的变化特点，模具正向高效、精密、长寿命、大型化方向发展。为适应市场变化，随着计算机技术和制造技术的迅速发展，模具设计与制造技术正由手工设计、依靠人工经验和常规机械加工技术向以计算机辅助设计（CAD）、数控切削加工、数控电加工为核心的计算机辅助设计与制造（CAD/CAM）技术转变。模具在各个工业领域得到广泛应用，是基础工业，模具涉及面相当广，是一个系统工程。

1. 模具与制件

模具是成形产品零件的专用工具，是工业生产中的主要工艺装备，是对生产对象的形状和尺寸加以控制的装置。常见模具及制件如图 1-1 所示，常见的冲压模具如图 1-2 所示：

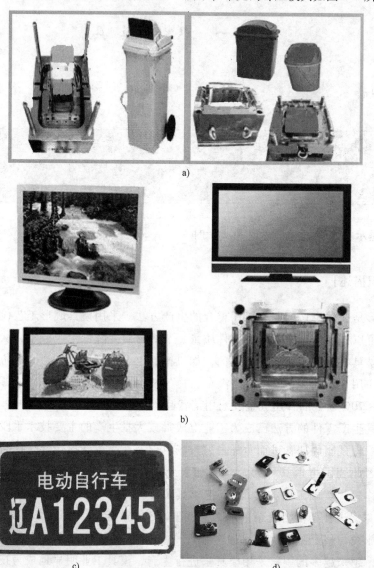

图 1-1 常见的模具及制件

a)、b) 塑料模具及其制件 c) 冲压模具制件（压印、落料） d) 冲压模具制件（冲孔、落料、成形）

模具与冲压、锻造、挤压、铸造等金属材料零件的成形设备配套使用，或与塑料、橡胶、陶瓷等非金属材料零件的成形设备配套使用，可成形各种各样的金属和非金属零件，已成为现代化工业生产的重要加工手段。用模具成形的零件通常称为制件（如冲压件、锻件、塑料制品和铸件等）。常见制件如图 1-3 所示。

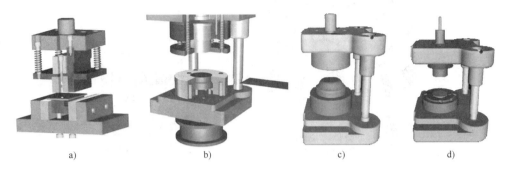

图 1-2　常见的冲压模具

a）弯曲模　b）冲裁模　c）成形模　d）拉深模

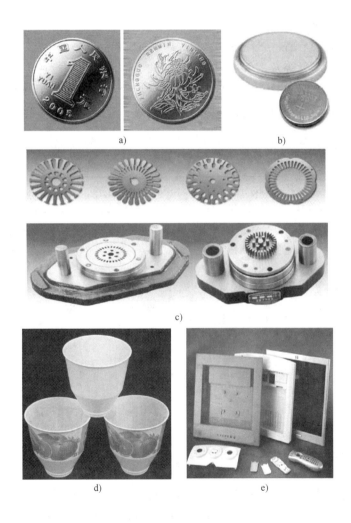

图 1-3　模具常见制件

a）硬币（落料、压印）　b）纽扣电池（落料、拉深）　c）电动机定子、转子及

其复合模（落料、冲孔）　d）航空杯　e）电器外壳

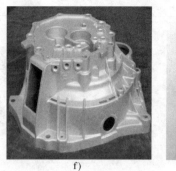

f)   g)

图 1-3   模具常见制件（续）

f）变速器   g）小五金件

2. 模具的机构组成与分类

模具属于精密机械产品，它主要由机械零件和机构组成，如成形工作零件、导向零件、支承零件、定位零件等及送料机构、抽芯机构、推件机构、检测与安全机构等。

根据模具成形加工的工艺性质及使用对象，可将常用模具分为九大类，各大类模具又可根据模具结构、材料、使用功能和模具制造方法等，分成若干小类或品种。其分类方法如图 1-4 所示。

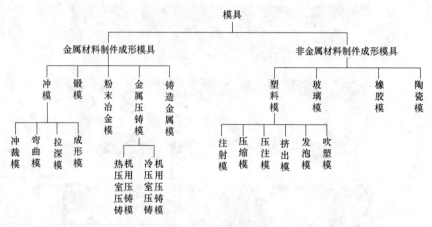

图 1-4   模具的分类

3. 模具制造流程（见图 1-5）

【知识链接】   模具生产知识

模具的种类非常多，生产中常用的模具有冲模和塑料模。根据模具工业协会资料，冲模占模具总量的 40%~50%，塑料模占 30%~40%，其他模具占 10%~30%。本书主要学习冲模和塑料模的装配调试技术。

1. 冲压生产知识

冲压是建立在金属塑性变形的基础上，在常温下利用冲模和冲压设备对材料施加压力，使其产生塑性变形或分离，从而获得一定形状、尺寸和性能的制件。常见冲压工序见表1-1。

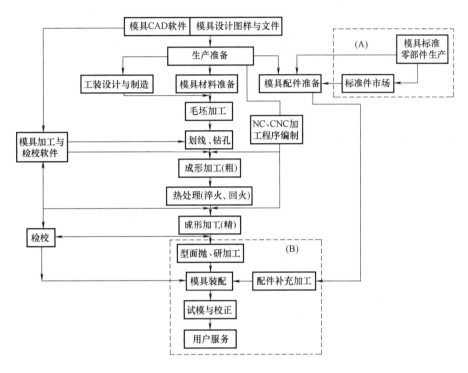

图1-5　模具制造工程

表1-1　常见冲压工序

工序性质	工序名称		工序简单图	特点及应用范围
分离工序		剪裁		用剪刀或冲模切断板料,切断线不封闭
	冲裁	落料冲孔		用冲模沿封闭线冲切板料,冲下来的部分为工件 用冲模沿封闭线冲切板料,冲下来的部分为废料
		切口		在坯料上沿不封闭线冲出缺口,切口部分发生弯曲,如通风板

（续）

工序性质	工序名称	工序简单图	特点及应用范围
分离工序	切边	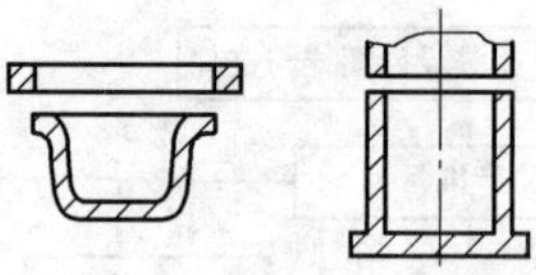	将工件的边缘部分切掉
成形工序	弯曲		把板料弯成一定的形状
	拉深	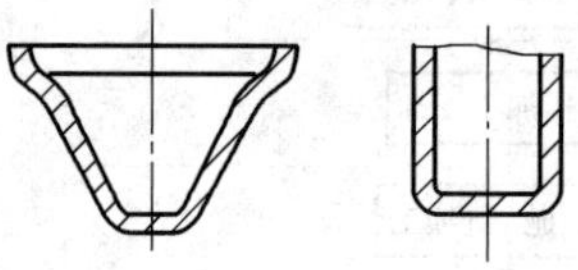	把平板形坯料制成空心工件
成形	起伏	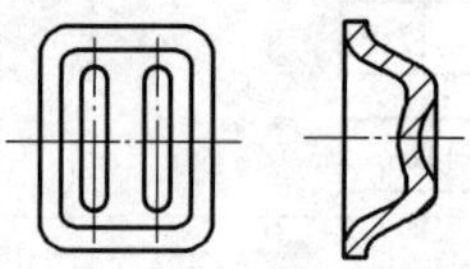	将板料局部冲压成凸起和凹进形状

由于冲压使用的原材料多为钢厂轧制出来的板料，所以又称板料冲压。实现冲压生产、批量制造零件的三要素是板料、冲压模具和冲压设备。

（1）板料　常用的冲压板料有冷轧钢板、热轧钢板、铝及铝合金板、铜及铜合金板、不锈钢板等。板料厚度大多在 0.5~6mm 之间。

（2）冲压模具　冲压模具是冲压加工中将板料加工成制件或半成品的工艺装备，按工序性质分有冲裁模（包括落料模和冲孔模）、弯曲模、拉深模、胀形模、翻边模等。

（3）冲压设备　冲压设备是提供冲压变形力的，生产中常用的有曲柄压力机（简称冲床）、油压机等。

2. 注射成形

注射成形模具应用极广。注射成形又称注射模塑或注塑。它是热塑性塑料制品成形的重要方法，也已成功地应用于某些热固性塑料制品。其加工的制品在塑料制品中占 20%~30%，制品的用途已扩大到各个领域。将塑料加入注射机的料筒内加热塑化成呈黏流态的熔体，然后借助螺杆（或柱塞）的推力，使熔体以较高的压力和速度经喷嘴和模具浇注系统充满闭合的模具型腔，再经一定时间的冷却使塑料硬化定型后，即可开启模具，取出制品，如图 1-6 所示。

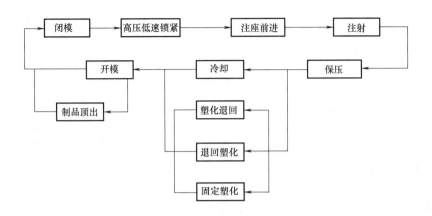

图 1-6 注射成形模具产品流程

【课题解析及评价】

【情景预演】 操作员首先需要根据模具实物识别模具类型、结构、用途，再由制件图样选择合适的模具，确定其制件生产工艺。

【课题分析】 了解模具工业地位、模具机构、分类、组成零件和制件生产工艺知识，对模具有一个综合认识，为模具拆卸、测绘、装配、安装、调试及生产应用奠定基础。

【课题小结】 模具的机构组成、分类、生产应用是模具装配调试加工之前最基本的技术知识之一，通过本任务的学习，学习者掌握基本的分类方法，为模具合理装配和制件的正确加工做准备。

【课题考核】（表 1-2）

表 1-2 课题考核

考核项目	考核点	配分	扣分标准（每项累计扣分不超过配分）
职业素养（40%）	团队精神	5	不能与其他学员互相协助，每次扣 1 分
	安全意识	5	操作出现错误，每次扣 1 分
	职业行为习惯	10	着装不整洁，扣 5 分 不能遵守操作规程，每处扣 1 分 模具没有定点放置，每处扣 1 分
	遵守操作规程	10	模具具使用不合理，每次扣 5 分
	认识模具前揩干净模具	5	模具清洁方式不正确，每次扣 1 分 模具不干净，每处扣 1 分
	对所认识模具摆放整齐，归类正确	5	摆放不整齐，每处扣 2 分 归类摆放不正确，每处扣 2 分

（续）

考核项目	考核点	配分	扣分标准(每项累计扣分不超过配分)
认识模具(60%)	每种模具能生产的主要制件	5	制件回答不正确，每次扣2分
	模具类型和结构组成部件	30	模具分类不正确，每次扣10分 结构组成回答不准确，每次扣10分
	模具用途和工序	15	模具用途和工序回答不准确，每次扣5分
	主要工作零件	10	模具工作零件回答不准确，每次扣5分

 【知识拓展】

 小词典：模具制造快速成形 3D 打印技术

模具制造快速成形 3D 打印技术诞生于 20 世纪 80 年代后期，是基于材料堆积法的一种高新制造技术，被认为是近 20 年来制造领域的一个重大成果。它集机械工程、CAD、逆向工程技术、分层制造技术、数控技术、材料科学、激光技术于一身，可以自动、直接、快速、精确地将设计思想转变为具有一定功能的原型或直接制造零件，从而为零件原型制作、新设计思想的校验等提供了一种高效低成本的实现手段。快速成形技术就是利用三维 CAD 的数据，通过快速成形机，将一层层的材料堆积成实体原型。

传统的模具制造生产模具时间长，成本高。将快速成形技术与传统的模具制造技术相结合，可以大大缩短模具制造的开发周期，提高生产率，是解决模具设计与制造薄弱环节的有效途径。快速成形技术在模具制造方面的应用可分为直接制模和间接制模两种，直接制模是指采用 3D 技术直接堆积制造出模具，间接制模是先制出快速成形零件，再由零件复制得到所需要的模具。

 【想想练习】

 想一想：

1. 什么是模具？模具是如何进行分类的？简述冲压模具和塑料模具的一般组成。

2. 模具属于精密机械产品，它主要由机械零件和机构组成，如＿＿＿＿＿、＿＿＿＿＿＿、＿＿＿＿、＿＿＿＿＿＿＿＿、＿＿＿＿等及＿＿＿＿＿、＿＿＿＿＿、＿＿＿＿＿、＿＿＿与＿＿＿＿等。

3. 模具与＿＿＿、＿＿＿＿、＿＿＿＿、＿＿＿＿等金属材料零件的成形设备配套使用，或与＿＿＿＿＿＿、＿＿＿＿、＿＿＿等非金属材料零件的成形设备配套使用，可成形加工各种各样的金属和非金属零件，已成为现代化工业生产的重要加工手段。用模具成形出来的零件通常称为"＿＿＿＿＿"（如冲压件、锻件、塑料制品、铸件等）。

4. ＿＿＿＿＿是成形产品零件的专用工具，是工业生产中的主要工艺装备，是对生产对象的＿＿＿＿和＿＿＿＿加以控制的装置。

5. 冲压模具是冲压加工中将_____加工成制件或半成品的一种工艺装备,按工序性质分有_____(包括落料模和冲孔模)、_____、_____、_____、_____等。

 练一练:认识下列模具,完成表1-3。

表1-3　认识模具

模　　具	名　　称	结构组成	功　　能

课题二　认知模具常用的工量具

 学习目标

　　了解模具装配常用工量具的种类、用途、构造形状,能够正确选用并掌握其使用方法;了解模具装配常用设备,能正确识别模具常用的工量器具;能根据工作对象和场合正确选择模具装配调试常用工量器具;能安全正确使用工量具。

 友情提示:本课题建议学时为2学时

【知识描述】

　　模具是由各类不同零件装配组合而成的。为确保装配出合格的模具,随着科学技术的发展,有些模具可由自动装配完成,但部分工序仍需要手工完成,因此就需要采用相应的工量具。

1. 模具装配调试常用工具

模具装调工具品种、规格很多，分手工和电动两大类，这里仅熟悉常用的模具装调工具，常用工具有锤子、铜棒、撬杠、拨销器、千斤顶、吊装工具、夹紧工具、扳手、内六角扳手、起子、手钳类工具等，见表1-4。

表1-4　模具装配调试常用的工具

名称	外　观	应用场合
锤子		与铜棒配合使用调整冲模间隙、相对位置及模具拆卸、分合
铜棒		敲击不允许直接接触的工件表面，不得用力太大。一般和锤子共用，一手握住铜棒，一手用锤子锤击铜棒另一端。注意：铜棒不可代替锤子和撬棍使用
平行垫铁		支撑模具、防止刃口损伤、拆卸模具用
活扳手		拧紧或旋松螺钉、螺母
钩形扳手		又称月牙形扳手。钩形扳手有多种形式，专门用来装拆各种结构的圆螺母、扁螺母等。使用时应根据不同结构的圆螺母，选择对应形式的钩形扳手
内六角扳手		专用于拧转内六角螺钉。其规格以扳手头部对边尺寸表示，拧紧或拧松的力矩较小。内六角扳手的选取应与螺栓或螺母的内六方孔相适应，不允许使用套筒等加长装置，以免损坏螺栓或者扳手
呆扳手		适用于拆装一般标准规格的螺栓和螺母。按其结构特点分为单头和双头两种。呆扳手的用途与活扳手相同，只是其开口宽度是固定的。呆扳手的大小应与螺栓或螺母头部的对边距离相适应，并根据标准尺寸做成一套
梅花扳手		梅花扳手两端具有带六角孔或十二角孔的工作端，适用于工作空间狭小，拆装5～27mm范围的螺栓或螺母，工作时不易滑脱

（续）

名称	外　　观	应用场合
扭力扳手		扭力扳手在拧转螺栓或螺母时,能显示出所施加的力矩;或者当施加的力矩到达规定值后,会发出"咣"的声响信号。扭力扳手适用于对力矩大小有明确地规定的装配工作
特种扳手		或称棘轮扳手,应配合套筒扳手使用。一般用于螺栓或螺母在狭窄的地方拧紧或拆卸,它可以不变更扳手角度就能折卸或装配螺栓和螺母
套筒扳手		由一套尺寸不同的梅花套筒或内六角套筒组成。它是由多个带六角孔或十二角孔的套筒并配有手柄、接杆等多种附件组成,特别适用于拆装拧转空间十分狭小或凹陷很深处的螺栓或螺母及普通扳手不能工作的地方。拆装螺栓或螺母时,可根据需要选用不同的套筒和手柄。一般不允许外接加力装置
管子钳		由钳身、活动钳口和调整螺母组成,其规格以手柄长度和夹持管子最大外径表示,如 200mm×25mm、300mm×40mm 等。主要用于装拆金属管子或其他圆形工件,是管路安装和修理工作中常用的工具
砂布		抛光零件
抛光轮		电动抛光零件
砂轮磨头		电动修磨模具零件
磨石		修磨模具零件
整形锉	5×180mm×10支整形钢锉	修磨模具成形零件
退销棒与拨销器		安装和退出不通孔销

（续）

名称	外　观	应用场合
销钉棒		安装和退出通孔销
夹钳		组装、加工模具夹紧零件
平行夹板		锉修模具时将夹板置于台虎钳内然后安装模具
撬杠		开启模具上下模、模具对口
卡簧钳		拆装孔、轴上零件轴向定位用的弹性挡圈
鲤鱼钳		夹持扁或圆柱形零件,带刃口的可以切断金属
螺钉旋具		用来拧紧或旋松带槽螺钉的工具
手推起重小车		搬运安装模具
手动压力机		模具零件压入压出、压印锉修
千斤顶		支撑模具零件

（续）

名称	外　观	应用场合
组合圈		用于凸模上圆周均布的冲模中（如电动机转子或定子冲片冲模）多个凸模以凸凹模型孔定位，将凸模连接在凸模固定板中时，可用组合圈将其紧固在凸凹模型孔中
顶拔器		装配时压入或顶出零件
台虎钳		夹持工件

2. 模具常用测量工具

为了保证模具装配调试质量，就必须用量具来测量。用来测量、检验零件尺寸、形状和位置的工具称为量具。量具的种类很多，根据其用途和特点，可分为以下三种类型。

（1）万能量具　这类量具一般都有标尺，在测量范围内可以测量零件形状及尺寸的具体数值，如游标卡尺、干分尺、百分表、游标万能角度尺和三坐标测量仪等。

（2）专用量具　这类量具不能测量出实际尺寸，只能测定零件的形状及尺寸是否合格，如卡规、塞规等。

（3）标准量具　这类量具只能制成某一固定尺寸，通常用来校准和调整其他量具，也可以作为标准与被测量件进行比较，如量块。

量长度（深度）尺寸的有深度游标卡尺、钢直尺、卷尺和游标卡尺等。

量直径（内、外）尺寸的有游标卡尺、外径千分尺、内径百分表、内卡钳、外卡钳和塞规等。

量槽尺寸的有钢直尺、游标卡尺、直角尺、外径千分尺、塞规和卡规等。

量锥体尺寸的有游标卡尺、直角尺、游标万能角度尺和莫氏（锥度）锥套等。

量成形体的有游标卡尺、千分尺、半径样板和成形样板等。

量螺纹尺寸的有游标卡尺、螺纹样板、螺纹牙规、螺纹塞（或环）规、螺纹千分尺和三针测量等。模具常用的量具见表1-5。

表1-5　模具常用的量具

名称	外　观	应用场合
游标卡尺		测量模具零件的外径、孔径、长度、深度及沟槽宽度

（续）

名称	外观	应用场合
外径千分尺		测量模具零件的外径
螺纹千分尺		测量模具零件的外螺纹中径
游标万能角度尺		测量模具零件的角度
百分表 （千分表） 及表座		测量模具零件孔径,与表座配合测量模具零件几何精度
螺纹塞(或 环)规		测量模具零件内、外螺纹精度
半径样板		测量模具零件内、外圆弧半径
公法线千分尺		配合三针测量模具零件外螺纹中径精度,测量工件外径、长度及沟槽宽度等
塞尺		检验模具零件结合面之间间隙大小
游标高度尺		测量工件的高度,另外还经常与百分表配合测量几何公差,也用于划线

（续）

名称	外　观	应用场合
电动轮廓仪		测量工件的表面粗糙度
三坐标测量仪		对模具的尺寸和几何公差进行精确检测
直角尺		检验工件的垂直度或检定仪器、机床纵、横向导轨及模具相对位置的垂直度,是检验和划线工作中较常用的量具
量块		作为标准件,用比较法测量模具工件尺寸,或用来校准、调整测量器具的零位;直接测量零件尺寸;精密机床的调整和机械加工中精密划线

 【知识链接】　量具选择

1. 选择依据

不能盲目地选用昂贵或精密的量具,而应使用容易操作且价格和精度适当的量具来满足具体生产中的检验要求。例如,长度尺寸为（50±0.15）mm 时,使用游标卡尺测量比用千分尺更合适,因此一般不选用三坐标测量仪。

选择量具的主要依据是被测对象的数量、材料、公差值的大小及外形、部位、尺寸大小等几何形状特点等,此外,在确保测量精度的前提下,还应考虑具体的生产环境,测量工艺过程的可行性和经济性,所选量具或测量仪器的精度应与被测工件的加工精度要求相适应。

例如,在选择铸铁平板时,要根据生产的实际需要来选择。检测或校验用的铸铁平板选择精度高的检验平板,而钳工用平板多数选用精度 3 级的铸铁平板。

2. 绝对测量中的量具选用

对于绝对测量来说,要求量具的测量范围要大于被测量对象的量的大小,但不能相差太大。如果用测量范围大的量具测量小型工件,不仅不经济,操作也不方便,而且测量精度难以保证。

3. 比较测量中的量具的选用

对于比较测量来说，量具的示值范围一定要大于被测量对象的参数公差值。

1）在测量形状误差时，量具的测头要往复运动，因此要考虑回程误差的影响。当工件的精度要求高时，应当选择灵敏度高、回程误差小的高精度量具。

2）对于薄型、软质、易变形的工件，应该选用测量力小的量具。

3）对于粗糙的表面，尽量避免使用精密的量具去测量。

4）在单件或小批量生产中应选用通用（万能）测量器具，而大批量生产则应优先考虑各种极限量规等专用量具。

 【课题解析及评价】

【情景预演】 操作员开始操作前，首先需要根据模具零件实物准备合适的工量具。

【课题分析】 由于模具零件各部分的结构和尺寸精度不一样，这就需要操作员准备合适的工量具，而量具选择得不合适，往往会造成测量误差和装配时间的延误。

【课题小结】 工量具的选择是操作员装配前应具备的最基本的技能之一，通过本任务的学习，学习者可以认知掌握模具装配调试常用的工量器具，为下一步模具合理装配调试创造条件。

【课题考核】（表 1-6）

表 1-6 课题考核

考核项目	考核点	配分	扣分标准（每项累计扣分不超过配分）
职业素养（20%）	团队精神	5	不能与其他学员互相协助，每次扣 1 分
	安全意识	5	操作出现错误，每次扣 1 分
	职业行为习惯	10	着装不整洁，扣 5 分 不能遵守操作规程，每处扣 1 分 工量具没有定点放置，每处扣 1 分
正确维护保管工量具和使用准备（25%）	正确选用工量具	5	工量具选用不合理，每次扣 5 分
	遵守操作规程	10	工量具使用不合理，每次扣 5 分
	测量前揩干净量具	5	量具清洁方式不正确，每次扣 1 分 量具不干净，每处扣 1 分
	对所测量零件有标记	5	标记不清晰，每处扣 1 分
量具测量模具零件（55%）	零件测量与示数	30	测量工具使用方法不正确，每次扣 10 分 示数不准确，每次扣 10 分
	尺寸精度和形位精度	20	尺寸精度不准确，每处扣 2 分 形位精度不准确，每处扣 2 分
	表面粗糙度	5	表面粗糙度测量不准确，每次扣 2 分

 【知识拓展】

 小词典：量具的使用与保养知识

1）不要用磨石、砂纸等硬物去刮擦量具的测量面和标尺部分，若使用过程中发生故障，应及时交修理人员进行检修。

2）不要用手去抓摸量具的测量面和标尺标线部分，以免生锈，影响测量精度。

3）不可将量具放在磁场附近，以免量具被磁化。

4）严禁将量具当做其他工具使用。

5）量具用完后立即擦净上油，有工具盒的要放回原工具盒中。

6）各种精密量具暂时不用时应及时交回工具室保管。

7）精密量具不可测量温度过高的工件。

8）量具在使用过程中，不要和工具、刀具放在一起，以免碰坏。

9）粗糙毛坯和生锈工件不可用精密量具进行测量，如非测量不可，可将被测部位清理干净，去除锈蚀后再进行测量。

10）一切量具严防受潮、生锈，均应放在通风干燥的地方。

 【想想练练】

 想一想：

1. 常用的模具装配调试工具有：锤子、＿＿＿＿＿、＿＿＿＿＿＿、＿＿＿＿＿＿、千斤顶、吊装工具、夹紧工具、＿＿＿、内六角扳手、＿＿＿＿＿＿、手钳类工具等。

2. 量具的种类很多，根据其用途和特点，可分为＿＿＿＿＿＿、＿＿＿＿＿＿、＿＿＿三种类型。所选量具或测量仪器的＿＿＿＿应与被测工件的加工精度要求相适应。

练一练：

写出表1-7中各量具的名称和用途。

表1-7 量具的名称和用途

图形				
名称				
用途				

单元二 模具的拆装与测绘

课题一 模具拆装

 学习目标

熟练掌握模具的拆装顺序和过程；熟悉模具的结构组成；掌握模具的拆装技能。

 友情提示：本课题建议学时为 3 学时

 【知识描述】

模具拆装是学生直观认识模具结构的重要过程。通过典型塑料模具的拆装训练，可以使学生进一步了解模具结构及工作原理，了解模具的零件及作用，了解零部件的装配关系，熟悉模具的装配顺序和各装配工具的使用。巩固和加深所学的理论知识，锻炼动手能力，提高分析问题及解决问题的能力，为今后正确处理模具的装配调试现场问题奠定基础。

1. 典型塑模模具

定模的结构如图 2-1 所示，动模的结构如图 2-2 所示。

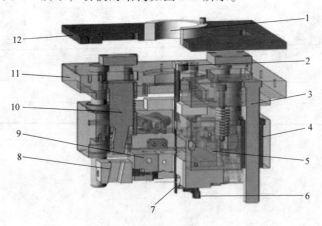

图 2-1 定模的结构

1—定位圈 2—灌嘴 3—定模导柱 4—定模导套 5—定模板 6—制品
7—水口 8—滑块 9—定模型腔 10—滑块 11—上固定板 12—隔热板

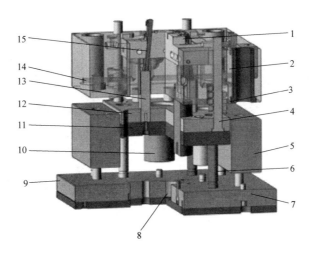

图 2-2　动模的结构

1—动模型腔　2—动模板　3—回位弹簧　4—回位推杆　5—模脚　6—推板导柱

7—下隔热板　8—推杆孔　9—下固定板　10—支撑柱　11—推杆盖板　12—推杆板

13—斜销导向座　14—冷却水　15—斜销

2. 模具部分零件功能（表 2-1）

表 2-1　模具部分零件功能

零件图形	零件名称	零件功能	备注
	定位圈	用于与成形设备料口的定位	
	上固定板隔热板	保持母模模具温度，防止上固定板与机台前模板接触面生锈	
	上固定板	主要功能是与成形设备固定连接母模板	

【课题任务实施】

模具的拆卸过程

步骤一：观察图 2-3 所示注射模的定模部分、动模部分及顶出机构的外形，了解其基本结构特点。

步骤二：找出分型面，用铜棒轻轻敲击定模，使动模与定模分开，如图 2-4 所示。注意，不能强行撬开模具，以免损坏模具的工作表面。

图 2-3　注射模　　　　　　　　　　　图 2-4　找出分型面

1—定模部分　2—动模部分　3—顶出机构

步骤三：当动模、定模分开后，观察导柱与导套的配合情况，以及型芯、凸凹模的结构形式，如图 2-5 所示。

步骤四：拆卸定模，观察定模的结构及螺钉连接形式，并认识模具零件，如图 2-6 所示。

 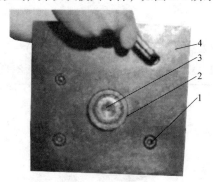

图 2-5　动、定模处于分开状态　　　　　图 2-6　拆卸定模部分

1—内六角螺钉　2—定位圈　3—浇口套　4—定模座板

步骤五：用铜棒轻轻敲击，并用内六角扳手拆卸浇口套，如图 2-7 所示。观察拆卸后的定模部分，如图 2-8 所示。

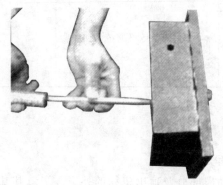 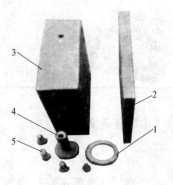

图 2-7　拆卸浇口套　　　　　　　　　图 2-8　拆卸后的定模部分

1—定位圈　2—定模座板　3—定
模座板　4—浇口套　5—内六角螺钉

步骤六：拆卸动模座板螺钉，观察动模部分的结构及顶出机构与动模的配合结构，如图 2-9 所示。

步骤七：拆卸垫块螺钉，观察顶出机构的结构及装配情况，如图 2-10 所示。观察动模结构，如图 2-11 所示。

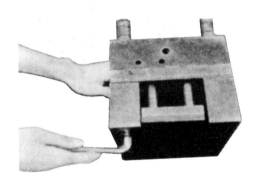

图 2-9　拆卸动模座板螺钉

图 2-10　拆卸垫块螺钉

1—动模座板　2—顶出机构　3—垫块

4—支承板　5—导柱　6—动模座板

步骤八：拆卸并观察顶出机构，轻轻敲击复位杆，如图 2-12 所示。

图 2-11　垫块拆卸后动模部分

1—导柱　2—动模座板　3—支承板　4—顶出机构

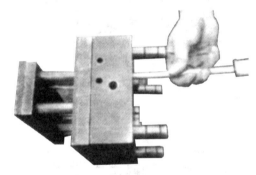

图 2-12　拆卸顶出机构

步骤九：拆卸导柱。注意不能强行敲打，更不能用铁锤敲击。导柱拆卸后要单独放好，不能相互碰撞，以免伤到表面，如图 2-13 所示。

步骤十：拆卸型芯，如图 2-14 所示。注意：一般模具可以采用此方法，精密模具要采取适当的保护措施，以免伤到型芯。

步骤十一：拆卸顶出机构，如图 2-15 所示。顶出机构的拆卸要特别小心，顶杆、顶针大小差别较大，拆卸时要防止弯曲和断掉。

步骤十二：继续拆卸顶出机构，如图 2-16 所示。首先拆卸顶杆垫板螺钉，再拆卸顶杆。观察拆卸后的顶出机构，如图 2-17 所示。

步骤十三：观察模具完全分解后的状态，如图 2-18 所示，熟悉和核对模具相关零部件。

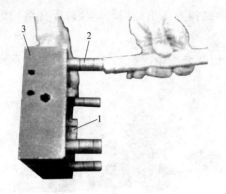

图 2-13　拆卸导柱

1—型芯　2—导柱　3—动模座板

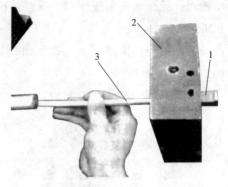

图 2-14　拆卸型芯

1—型芯　2—动模座板　3—铜梗

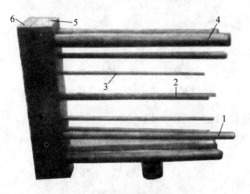

图 2-15　顶出机构

1—顶杆　2—2 型拉料杆　3—顶针

4—复位杆　5—顶杆固定板　6—顶杆垫板

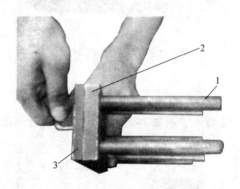

图 2-16　拆卸顶出机构

1—复位杆　2—顶杆固定板　3—顶杆垫板

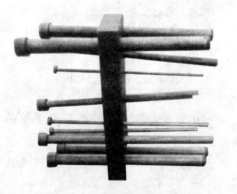

图 2-17　拆卸后的顶出机构部分

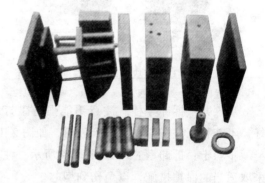

图 2-18　模具完全分解后的状态

　【知识链接】　模具拆卸的注意事项和一般原则

一、模具拆卸的注意事项

1）模具搬运时，注意上、下模（或动、定模）在合模状态下用双手（一手扶上模，另一手托下模）搬运，注意轻放、稳放。

2）进行模具拆装工作前必须检查工具是否正常，并按手用工具安全操作规程操作，注意正确使用工量具。

3）拆装模具时，首先应了解模具的工作性能，基本结构及各部分的重要性，按次序拆装。

4）使用铜棒、撬棒拆卸模具时，姿势要正确，用力要适当。

5）使用螺钉旋具的注意事项。

① 螺钉旋具的刀口不可太薄太窄，避免在工作时滑出。

② 不得将零部件拿在手上用螺钉旋具松紧螺钉。

③ 螺钉旋具不可用铜棒或锤子锤击，以免手柄砸裂。

④ 螺钉旋具不可当凿子使用。

6）使用扳手的注意事项。

① 必须与螺母大小相符，否则会打滑使人摔倒。

② 使用扳手紧螺栓时不可用力过猛，松螺栓时应慢慢用力扳松，注意可能碰到的障碍物，防止碰伤手部。

7）拆卸下来的零部件应尽可能放在一起，不要乱丢乱放，注意放稳放好，工作地点要经常保持清洁，通道不准放置零部件或者工具。

8）拆卸模具的弹性零件时应防止零件突然弹出伤人。

9）传递物件要小心，不得随意投掷，以免伤及他人。

二、模具拆卸的一般规则

1）拆卸前，应按照各模具的具体结构，预先考虑拆卸顺序。如果先后倒置或贪图省事而猛拆猛敲，就极易造成零件损伤或变形，严重时还将导致模具难以装配复原。

2）模具的一般拆卸顺序是先拆外部附件，再拆主体部件。在拆卸部件或组合件时，应按从外部拆到内部、从上部拆到下部的顺序，依次拆卸组合件或零件。

3）拆卸时，选用工具的原则保证不会损伤零件，应尽量使用专用工具，严禁用钢锤直接在零件的工作表面上敲击。

4）拆卸时，对容易产生移位且无定位的零件，应先做好标记，各零件的安装方向也需辨别清楚，并做好相应标记，以免在装配复原时浪费时间。

5）对于精密的模具零件，如凸模、凹模和型芯等，应放在专用的盘内或单独存放，以防碰伤工作部位。

6）拆下的零件应尽快清洗，以免生锈或腐蚀，最好要涂上防锈油。

【课题解析及评价】

【情景预演】　工作前首先要熟悉模具结构，准备合适的工量具，确定拆装顺序，再进行操作。

【课题分析】　由于模具零件各部分的结构和尺寸精度不一样，这就需要操作员准备合适的工量具并选择正确的拆卸方法，如果拆卸工具选择得不合适，往往会造成拆装时间的延误。

【课题小结】 通过本任务的学习，学生应掌握模具的拆卸方法和拆装顺序，为下一步模具合理装配调试创造条件。

【课题考核】（表2-2）

表2-2 课题考核

考核项目	考核点	配分	扣分标准（每项累计扣分不超过配分）
职业素养（20%）	团队精神	5	不能与其他学员互相协助，每次扣1分
	安全意识	5	操作出现错误，每次扣1分
	职业行为习惯	10	着装不整洁，扣5分 不能遵守操作规程，每处扣1分 工量具没有定点放置，每处扣1分
正确拆装模具零件（25%）	正确选用拆装工量具	5	拆装工具选用不合理，每个扣1分
	遵守操作规程	10	拆装工具使用不合理，每次扣1分
	零件清洗干净	5	零件清洗方式不正确，每次扣1分 零件清洗不干净，每处扣1分
	对所拆零件有标识	5	标识位置不对，每处扣1分 标识不清晰，每处扣1分
模量零件尺寸测量与图形绘制（55%）	图形测量绘制与尺寸标注	30	测绘量具选用不合理，每个扣1分 测量工具使用不合理，每次扣1分 图形表达不准确，每处扣5分 尺寸标注不完整，每处扣2分 制图布局不合理，扣5分
	尺寸精度	15	尺寸精度标注不经济，每处扣5分
	表面粗糙度	10	表面粗糙度标注不完整，每处扣5分

【想想练练】

想一想：

1. 分析所拆装模具结构的特点（优缺点）。

2. 简述模具拆卸注意事项和一般规则。

练一练：模具拆卸技能训练（最好以注塑模拆卸开展训练）。

课题二 模具的测绘

学习目标

　　熟悉模具测绘的基本内容，掌握装配图绘制的基本规范和零件图的绘制方法，掌握模具零件的测绘方法和装配图的绘制技能。能测绘模具零件；能绘制模具装配图。

友情提示：本课题建议学时为 3 学时

 【知识描述】

模具测绘结束后要对测绘的零件图与装配草图进行整理，绘制出正规的总装配图与零件图。在绘制模具装配图时，初学者的主要问题是图面紊乱无条理、结构表达不清、剖面选择不合理以及作图质量差等，如引出线重叠交叉，螺钉销钉作图比例失真。上述问题除平时练习过少外，更主要的是缺乏作图技巧所致。一旦掌握了必要的技巧，这些错误均可避免。

一、模具装配图的画法

模具装配图最主要的目的是要反映模具的基本构造，表达零件之间的相互装配关系，包括位置关系和配合关系。从这个目的出发，一张模具装配图所必须达到的最基本要求如下：首先，模具装配图中各个零件（或部件）不能遗漏，不论哪个模具零件，装配图中均应有所表达；其次，模具装配图中各个零件位置及与其他零件间的装配关系应明确。在模具装配图中，除了要有足够的说明模具结构的投影图、必要的剖视图、断面图、技术要求、标题栏和填写各个零件的明细栏外，还应有其他特殊的表达要求。模具装配图的绘制须符合国家制图标准，现总结如下。

1．总装图的布图及比例

1）应遵守国家标准机械制图中图纸幅面和格式的有关规定（GB/T 14689—2008）。

2）可按模具设计中习惯或特殊规定的制图方法作图。

3）尽量以 1∶1 的比例绘图，必要时按机械制图要求的比例缩放，但尺寸按实际尺寸标注。

4）模具总装图的布置方法如图 2-19 所示。

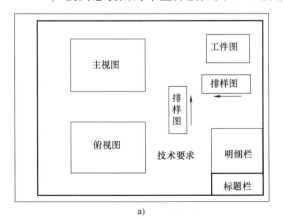
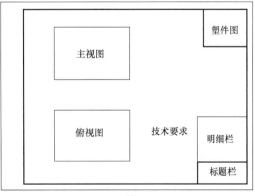

图 2-19　模具总装图的布置方法

a）冲压模具总装配图的布置　b）塑料模具总装配图的布置

2. 模具设计绘图顺序

（1）主视图　绘制总装图时，应采用阶梯剖或旋转剖视，尽量使每一类模具零件都反映在主视图中。按先里后外、由上而下，即按产品零件图、凸模、凹模的顺序绘制；零件太多时允许只画出一半；无法全部画出时，可在左视图或俯视图中画出。

（2）俯视图　将模具沿冲压或注射方向"打开"上（定）模，沿冲压或注射方向分别从上往下看"打开"的上（定）模或下（动）模，绘制俯视图。主、俯视图要一一对应画出。

（3）左、右视图　当主、俯视图表达不清楚装配关系时，或者塑料模具以卧式为工作位置时，左、右视图绘制按注射方向"打开"定模看动模部分的结构。

3. 模具装配图主视图的要求

1）在画主视图前，应先估算整个主视图大致的长与宽，然后选用合适的比例作图。主视图画好后其四周一般与其他视图或外框线之间保持 50～60mm 的空白。

2）主视图上应尽可能将模具的所有零件画出。主视图可采用全剖视图、半剖视图或局部视图。若有局部无法表达清楚的，可以增加其他视图。

3）在剖视图中剖切到圆凸模、导柱、顶件块、螺栓（螺钉）和销钉等实心旋转体零件时，其剖面不画剖面线。有时为了图面结构清晰，非旋转体的凸模也可不画剖面线。

4）绘制的模具一般应处于闭合状态，或接近闭合状态，也可以一半处于闭合工作状态，另一半处于非闭合状态。

5）两相邻零件的接触面或配合面只画一条轮廓线；相邻两个零件的非接触面或非配合面（基本尺寸不同），不论间隙大小，都应画两条轮廓线，以表示存在间隙。相邻零件被剖切时，剖面线倾斜方向应相反；几个相邻零件被剖切时，可用剖面线的间隔（密度）不同、倾斜方向或错开等方法加以区别。但在同一张图样上同一个零件在不同的视图中的剖面线方向、间隔应相同。

6）冲模装配图上零件的部分工艺结构，如倒角、圆角、退刀槽、凹坑、凸台、滚花、刻线及其他细节可不画出。螺栓、螺母、销等因倒角而产生的线段允许省略。对于相同零部件组，如螺栓、螺钉、销的连接，允许只画出一处或几处，其余则以点画线表示中心位置即可。

7）模具装配图上零件断面厚度小于 2mm 时，允许用涂黑代替剖面线，如模具中的垫圈、冲压钣金零件及毛坯等。

8）装配图上弹簧的画法。被弹簧挡住的结构不必画出，可见部分轮廓只需画出弹簧断面中心或弹簧外径轮廓线，如图 2-20a 所示。弹簧直径在图形上小于或等于 2mm 的断面可以涂黑，也可用示意图画出，如图 2-20b、c 所示。

弹簧也可以用简化画法，即双点画线表示外形轮廓，中间用交叉的双点画线表示，如图 2-21 所示。

4. 模具装配图俯视图的要求

俯视图一般只绘制出下（动）模，对于对称结构的模具，也可上（定）、下（动）模各画一半，需要时再绘制一个侧视图或其他视图。

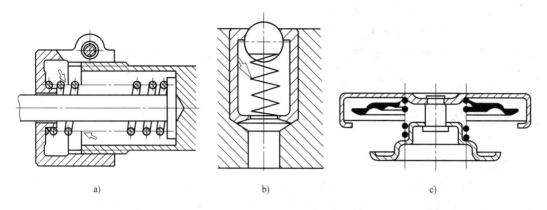

a)　　　　　　　　　　　b)　　　　　　　　　　　c)

图 2-20　模具装配图中螺旋压缩弹簧的规定画法

a）弹簧被挡住的结构不画出　b）弹簧的示意画法　c）弹簧断面涂黑

绘制模具结构俯视图时，应画移除上模后的结构形状，其目的是为了重点反映下模的结构。俯视图与边框、主视图、标题栏或明细栏之间应保持 50~60mm 的空白。

5. 序号引出线的画法

在画序号引出线前应先数出模具中零件的数量，再统筹安排。序号一般应与以主视图为中心依顺时针方向为序依次编定，一般左边不标注序号，空出标注闭合高度及公差的位置。在图 2-22 所示的模具装配图中，在画序号引出线前，先数出整副模具中的零件数量，即有 27 个零件，因此在主视图的上方布置 9 个序号，右方布置 9 个序号，下方布置 9 个序号。根据上述布置，用相等间距画出 27 个短横线，最后画从模具零件到短横线之间的序号引出线。按照"数出零件数目→布置序号位置→画短横线→画序号引出线"的作图步骤，可使所有序号引出线布置整齐、间距相等，避免了初学者画序号引出线常出现的"重叠交叉"现象。当在俯视图上也要引出序号时，也应按顺时针方向顺序画出引出线并进行序号标注，如图 2-22 所示。其注写规定如下：

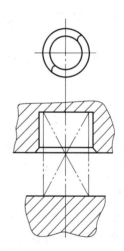

图 2-21　弹簧的简化画法

1）序号的字号应比图上尺寸数字大一号或大两号。一般从被注零件的轮廓内用细实线画出指引线，在零件一端画圆点，另一端画水平细实线。

2）直接将序号写在水平细实线上。

3）画指引线不要相互交叉，不要与剖面线平行。

6. 剖面的选择

如图 2-22 所示，上模剖面的选择应重点反映凸模的固定方法，凹模洞口的形状，各模板的装配关系（即螺钉、销的安装情况），模柄与上模座的安装关系，以及由打料杆、打料板、顶杆和推块等组成的打料系统的装配关系等。上述需重点突出的地方应尽可能地采用全剖视图或半剖视图，而另外的装配关系可不采用剖视图而用虚线画出或省去不画，并在其他视图上（如俯视图）表达即可。

模具下模剖面的选择应重点反映凸凹模的装配关系、凸凹模的洞口形状、各模板的安装关系、落料孔的形状等，这些地方应尽可能采用全剖视图，其他一些非重点之处则应尽量简化。

图 2-22 中上模用全剖视图表达了凸模的固定、凹模的洞口形状、模柄与上模座的连接及螺钉、销的安装情况，对于挡料销的装配情况则采用虚线及局部剖视图的表达方式。

7. 螺钉、销钉的画法

画螺钉、销时应注意以下几点：

1）螺钉的近似画法。例如，螺纹大为 D，则螺钉头部直径应画成 $1.5D$，内六角螺钉的沉头深度应为 $D+$（$1~3$）mm。销与螺钉同时使用时，销的直径应选用与螺钉直径相同或小一号（即如选用 M8 的螺钉，则销应选 $\phi8$mm 或 $\phi6$mm）。

2）画螺纹连接时应注意不要漏线条。以图 2-22 中螺钉 3 为例，螺钉只与尾部的凸模固定板 10 连接，而螺钉经过垫板 9 及上模座 1 时均应为过孔。

3）画销连接时也要注意不要漏线条。以图 2-22 中的圆柱销 4 为例，凸模固定板 10 与上模座 1 需用圆柱销进行定位，而垫板 9 则不需要用圆柱销 4 定位，所以应为过孔。

8. 工件图的画法

1）工件图一般画在总装图的右上角，如图 2-22 所示，并说明材料的名称、厚度及必要的尺寸。对于不能在一道工序内完成的产品，装配图上应将该道工序图画出，并且还要标注与本道工序有关的尺寸。

2）工件图的比例一般与模具图上的比例一致，特殊情况下可以缩小或放大。工件图的方向应与冲压方向或注射成形方向一致（即与工件在模具中的位置一致），若特殊情况下不一致时，必须用箭头注明冲压件或注射成形方向。

9. 冲压模具装配图中的排样图

在冲压过程中，当使用带料、条料时，应画出排样图。排样图一般画在总装图右上角的工件图下面或在俯视图与明细栏之间。

排样图应包括排样方式、零件的冲裁过程、定距方式（侧刃定距时侧刃的形状、位置）、材料利用率、步距、搭边、料宽及公差。包含弯曲、卷边工序的零件要考虑其材料纤维方向。通常从排样图的剖切线上可以看出是单工序模还是复合模或级进模。

排样图上的送料方向与模具结构图上的送料方向必须一致，如图 2-22 所示，以便于读图。

10. 模具装配图的技术要求

总装图中需简要注明对该模具的要求、注意事项和技术要求。技术要求包括所用设备型号、模具闭合高度及模具打印标记、装配要求等，冲裁模还要注明模具间隙。图样代号通常是企业结合产品的型号而编制的，便于图样的使用管理。

11. 模具总装图上标注的尺寸

模具总装图上应标注的尺寸有模具闭合高度、外形尺寸、特征尺寸（与成形设备配合的定位尺寸）、装配尺寸（安装在成形设备上的螺孔中心距）和极限尺寸（活动零件的起始位置之间的距离）等。

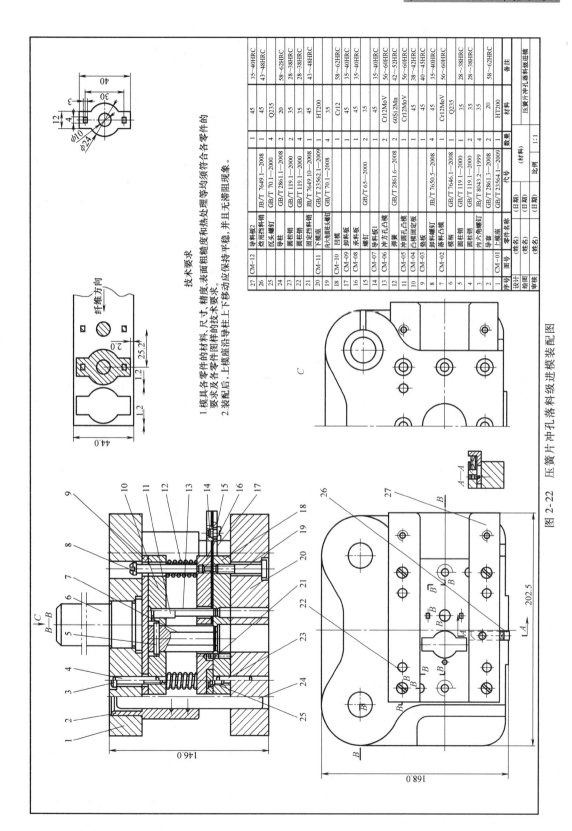

技术要求

1. 模具各零件的材料、尺寸、精度、表面粗糙度和热处理等均须符合各零件的要求及各零件图样的技术要求。
2. 装配后，上模座沿导柱上下移动应保持平稳，并且无滞阻现象。

序号	图号	零件名称	代号（材料）	数量	材料	备注
27	CM-12	导料板2		1	45	35~40HRC
26		焊用挡料销	JB/T 7649.1—2008	1	45	43~48HRC
25		沉头螺钉	GB/T 70.1—2000	4	Q235	
24		导柱	GB/T 2861.1—2008	2	20	58~62HRC
23		圆柱销	GB/T 119.1—2000	2	35	28~38HRC
22		圆柱销	GB/T 119.1—2000	4	35	28~38HRC
21		固定挡料销	JB/T 7649.10—2008	1	45	43~48HRC
20	CM-11	下模座	GB/T 23562.1—2009	1	HT200	
19		内六角圆柱头螺钉	GB/T 70.1—2008	4	35	
18	CM-10	凹模		1	Cr12	58~62HRC
17	CM-09	卸料板		1	45	35~40HRC
16	CM-08	承料板		1	45	35~40HRC
15		螺钉	GB/T 65—2000	2	35	
14	CM-07	导料板1		1	45	35~40HRC
13		冲方孔凸模		2	Cr12MoV	56~60HRC
12	CM-06	弹簧	GB/T 2861.6—2008	2	60Si2Mn	42~52HRC
11	CM-05	冲圆孔凸模		1	Cr12MoV	56~60HRC
10	CM-04	凸模固定板		1	45	38~42HRC
9	CM-03	垫板		1	45	40~45HRC
8		卸料螺钉	JB/T 7650.5—2008	4	45	35~40HRC
7	CM-02	落料凸模		1	Cr12MoV	56~60HRC
6		模柄	GB/T 7646.1—2008	1	Q235	
5		圆柱销	GB/T 119.1—2000	4	35	28~38HRC
4		内六角螺钉	JB/T 8043.2—1999	4	35	28~38HRC
3		导套	GB/T 2861.3—2008	2	20	58~62HRC
2						
1	CM-01	上模座	GB/T 23564.1—2009	1	HT200	
序号	图号	零件名称	代号（材料）	数量	材料	备注

设计	（姓名）	（日期）	压簧片冲孔落料级进模
绘图	（姓名）	（日期）	
审核	（姓名）	（日期）	比例 1:1

图 2-22 压簧片冲孔落料级进模装配图

12. 标题栏和明细栏

1）标题栏和明细栏在总装图的右下角，如图 2-22 所示。如果图纸幅面不够，可以另立一页。

2）明细栏至少应有序号、图号、零件名称、代号、数量、材料和备注等。

3）填写零件名称时，应使名称的首尾两字对齐，中间的字则均匀插入，也可以左对齐。

4）序号应以主视图为中心依顺时针旋转的方向为序依次编定。由于模具装配图一般算作图号 00，因此零件图号应从 01 开始计数。没有零件图的零件则没有图号。

5）备注一栏主要为标准件的规格、热处理工艺、是否外购或外加工等的情况说明。一般不另注其他内容。

6）标题栏主要填写的内容有模具名称、作图比例及签名等，其余内容可不填。

模具装配图绘制完成后，要审核模具的闭合高度、落料孔直径、模柄直径及高度、打料杆高度、下模座外形尺寸等与压力机有关技术参数间的关系是否正确。

二、模具零件图的画法

1. 图形的绘制方法

1）图形的不绘条件。画零件图的目的是为了反映零件的构造，为加工该零件提供图示说明。一切非标准件，或虽是标准件但仍需进一步加工的零件均需绘制零件图。以图 2-22 冲孔落料级进模为例，下模座 20 虽是标准件，但仍需要在其上面加工落料孔、螺钉过孔及销孔，因此要画零件图；导柱、导套及螺钉、销等零件是标准件，且不需进一步加工，因此可以不画零件图。

2）零件图的视图布置。为保证绘制零件图的正确性，建议按装配位置画零件图，但轴类零件按加工位置（一般轴线为水平布置）。以图 2-22 所示的凹模 18 为例，装配图中该零件的主视图反映了厚度方向的结构，俯视图则为原平面内的结构情况，如图 2-23 所示。在绘该凹模 18 的零件图时，建议就按装配图上的状态来布置零件图的视图。

3）零件图的绘制步骤。应对照拆卸后实物通过测量尺寸来画零件图。绘制步骤如下。

绘制零件图时，尺寸线可先引出，相关尺寸后标注。如图 2-22 所示，模具可分为工作零件、辅助构件及其他零件三大部分。在画零件图时，绘制的顺序一般采用"工作零件优先，由下至上"的步骤进行。图 2-22 中凹模 18 是工作零件，因此可以首先画出，如图 2-23 所示。

绘完凹模 18 后，对照装配图，卸料板 17 与凹模 18 相关，其内孔与凹模洞口完全一致，内孔尺寸应比凹模洞口单边大出 0.5mm，根据这一关系画出卸料板 17，如图 2-24 所示。再画冲孔凸模 11、13 及落料凸模 7，然后画凸模固定板 10，再对照模具装配图画出垫板 9 和上模座 1（图 2-25）。在画上模部分的零件图时，应注意经过上模座 1、上垫板 9、冲孔凸模固定板 10 及凹模 18 等模板上的螺钉、销孔的位置应一致。

在画下模部分的零件图时，一般采用"工作零件优先，自上往下"的步骤进行。对照凹模先画两个导料板 14，然后对照装配图上的装配关系，画挡料销孔，再画

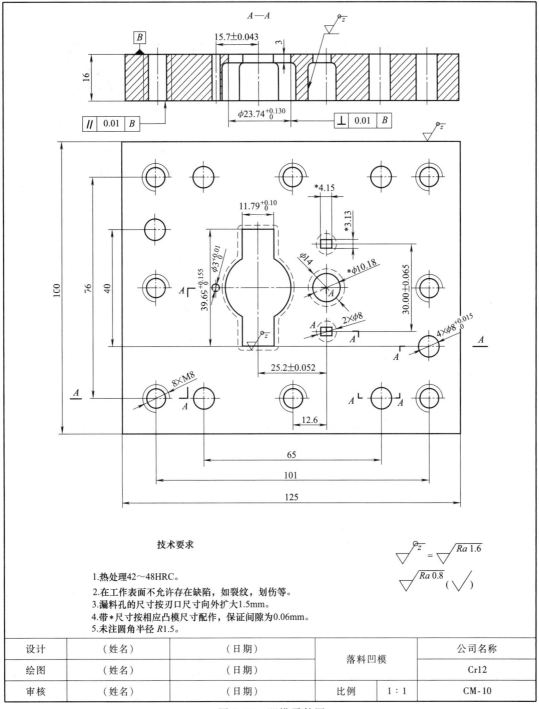

技术要求

1.热处理42～48HRC。
2.在工作表面不允许存在缺陷，如裂纹，划伤等。
3.漏料孔的尺寸按刃口尺寸向外扩大1.5mm。
4.带*尺寸按相应凸模尺寸配作，保证间隙为0.06mm。
5.未注圆角半径 R1.5。

设计	（姓名）	（日期）	落料凹模		公司名称
绘图	（姓名）	（日期）			Cr12
审核	（姓名）	（日期）	比例	1：1	CM-10

图 2-23　凹模零件图

承料板 16；在凹模上加上挡料销孔。在画下模的零件图时，也应注意经过导料板 14、凹模 18 及下模座 1 上的螺钉与销孔位置，同时下模座 20 上落料孔的位置要与凹模的孔位一致。按照上述步骤，根据装配关系对零件形状的要求，能很容易地正确绘制出模具零件的图形。

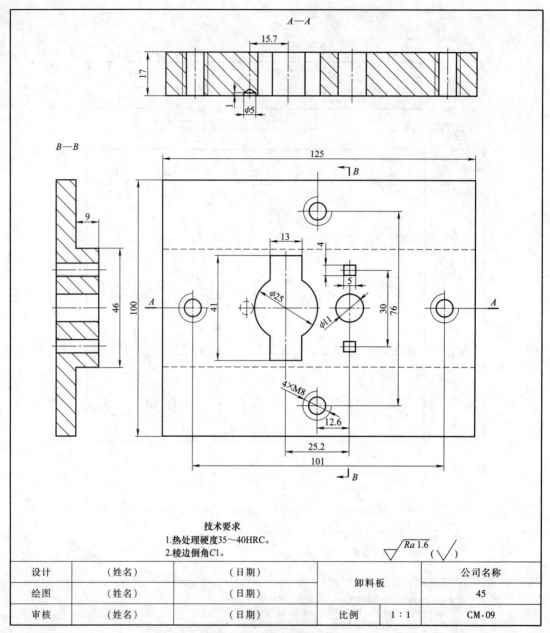

图 2-24　卸料板零件图

2. 尺寸标注方法

尽管标注尺寸是图形绘制中的一大难点，然而初学者普遍存在"重图形，轻尺寸标注"的问题，标注尺寸时，应先根据装配图上的装配关系，用"联系对照"的方法标注尺寸，可有效提高尺寸标注的正确率，具有较好的合理性。

（1）尺寸的布置方法　尺寸布置的要求是布置合理、条理清晰，因此在标注前就必须进行合理地规划。如图 2-22 所示，主视图上布置了冲圆孔凸模 11 和冲方孔凸模 13 及落料凸模 7 的固定孔形状尺寸及模板的厚度等尺寸。几何公差的标注也必须合理、清晰。这种布置方法合理地利用了零件图形周围的空白，既条理分明，又方便读图。

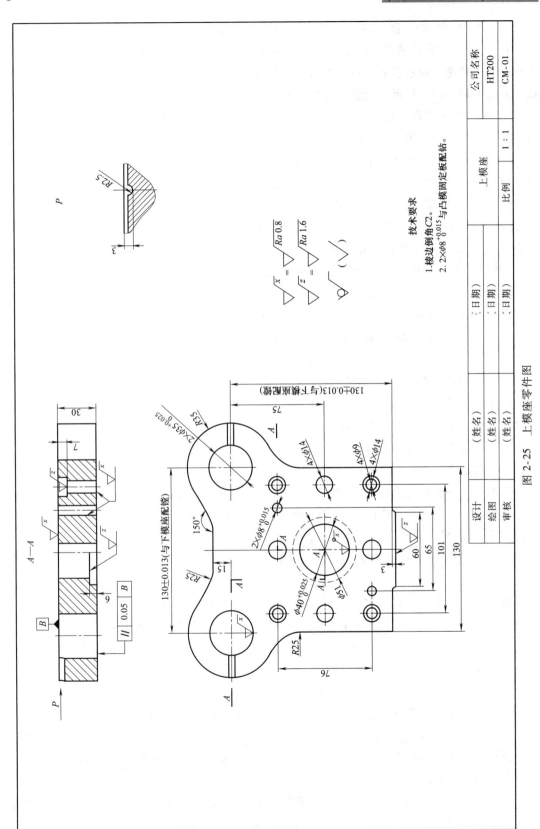

图 2-25 上模座零件图

（2）尺寸标注的思路　以图 2-22 所示的冲孔落料级进模为例阐述尺寸标注的思路。

1）标注工作零件的刃口尺寸。工作零件刃口尺寸的标注依据其制造工艺的不同有两种形式。一种是互换法制造，则凸模和凹模分别标注公称尺寸和公差；另一种是配合法制造，则基准件标注公称尺寸及公差，而相配件标注公称尺寸和与基准件的配合间隙。

2）标注相关零件的相关尺寸。只有相关尺寸正确，各模具零件才能装配组成一套模具。在下模部分，相关尺寸的标注建议按照"自上而下"的顺序进行。先从工作零件凹模 18 开始，与该零件模具相关的零件有内六角螺钉 19、圆柱销 23、沉头螺钉 25 和导料板 14，应从分析这些关系入手进行相关尺寸的标注。

凹模 18 与销 23 成 H7/m6 配合，故销孔直径为 ϕ8H7。圆柱销 23 与凹模 18、下模座 20 成 H7/m6 配合，因此下模座 20 上销孔直径也应为 ϕ8H7，同时孔距为 40mm 和 101mm，可在下模座 20 的零件图上标出这些尺寸。

凹模 18 与 4 个 M8 的内六角螺钉 19 是螺纹连接，因此凹模 18 在图样上对应螺孔应标注为 4×M8；螺钉由下模座拧入，故在图样上应标注 4×M8 的螺孔孔距均为 76mm 和 101mm。

凹模 18 还与导料板 14、27 相关。从装配关系可知，两个导料板与凹模各用两个沉头螺钉 25 及两个圆柱销 22 连接，所以在凹模上要标注出 4 个 M8 的沉头螺钉 25 的螺孔，它与 4 个 M8 的内六角螺钉 19 的孔一起可以标注为 8×M8；凹模上的 4 个销孔可以分别标注 2×ϕ8H7 也可以一起标为 4×ϕ8H7。

标注完凹模与凸模相关零件上的相关尺寸后，再标注凸模固定板 10 上相关零件的相关尺寸，依次类推直至上模中所有零件的相关尺寸标注完毕。上模部分的螺钉与圆柱销通过垫板的孔时双边应有 0.5~1mm 的间隙，因此垫板 9 上相应的过孔直径为 ϕ9mm，也应在相应的图样上标出。

装配图中的冲圆孔凸模 11 和冲方孔凸模 13 与冲孔凸模固定板 10 相关，其中，凸模固定板 10 相应处为一吊装固定台阶孔，台阶深度与冲圆孔凸模吊装段等高，即同为 3mm，孔径应比凸模台阶直径大出 0.5~1mm，为 ϕ17mm；ϕ14mm 的孔与凸模固定板成 H7/m6 的配合，即冲孔凸模固定板 10 上的对应孔直径应为 ϕ14mm。

模具上模部分的相关尺寸标注可按"自下而上"的顺序标注。先标注卸料板 17 与固定挡料销 21，卸料板与圆柱销 4 之间的相关尺寸；再标注模柄 6 与落料凸模 7、卸料螺钉 8、紧固螺钉 3、圆柱销 4 之间的相关尺寸，同样方法直至所有相关尺寸标注完毕。

3）补全其他尺寸及技术要求。这个阶段可逐个零件进行，先补全其他尺寸，例如轮廓大小尺寸、位置尺寸等；再标注各加工面的表面粗糙度要求及倒角、圆角的加工情况，最后是选材及热处理，并对本零件进行命名等。

尺寸标注中，一般冲压模具零件表面粗糙度值的选取可参照如下经验值：

① 冲压模具的上、下模座，上、下垫板，凸、凹模固定板，卸料板，压料板，打料板与顶料板等零件的表面粗糙度 Ra 值通常为 1.6~0.8μm。板类零件周边的表面粗糙度 Ra 值通常为 6.3~3μm。

② 冲压模具的凸模与凹模工作面表面粗糙度 Ra 值通常为 0.8~0.4μm；凸模与凹模固定部位及与之配合的模板孔表面粗糙度 Ra 值通常为 3~0.8μm。

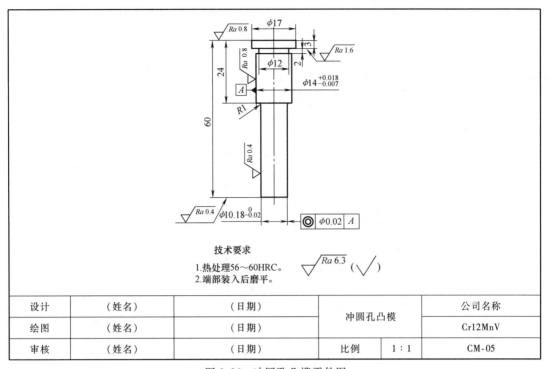

技术要求

1.热处理56～60HRC。
2.端部装入后磨平。

设计	（姓名）	（日期）	冲圆孔凸模		公司名称
绘图	（姓名）	（日期）			Cr12MnV
审核	（姓名）	（日期）	比例	1∶1	CM-05

图 2-26　冲圆孔凸模零件图

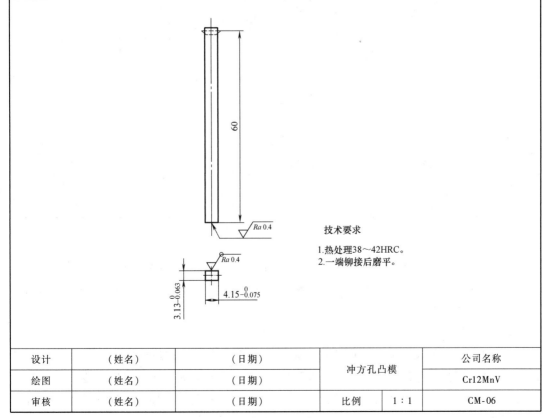

技术要求

1.热处理38～42HRC。
2.一端铆接后磨平。

设计	（姓名）	（日期）	冲方孔凸模		公司名称
绘图	（姓名）	（日期）			Cr12MnV
审核	（姓名）	（日期）	比例	1∶1	CM-06

图 2-27　冲方孔凸模零件图

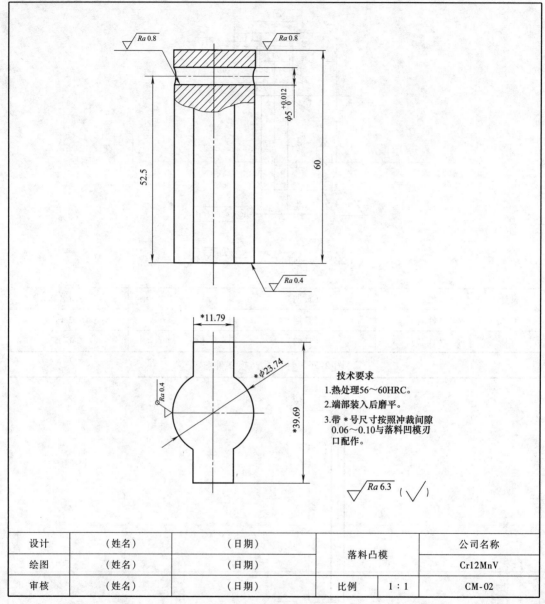

图 2-28　落料凸模零件图

③ 卸料（顶料）零件与凸模（凹模）配合面的表面粗糙度 Ra 值通常为 $6.3\sim 3\mu m$。

④ 螺栓或其他零件的非配合过孔面表面粗糙度 Ra 值通常为 $12.5\sim 6.3\mu m$。销孔表面粗糙度 Ra 值通常为 $0.8\mu m$。

（3）其他尺寸标注问题

1）复杂型孔的尺寸标注。形状越复杂，尺寸就越多，由此造成的标注困难是初学者设计冲压模时的主要障碍。此时有两个解决方法：一是放大标注法，将凹模零件图适当放大后再标注尺寸；二是移出放大标注法。将复杂的洞口型孔单独移至零件图外面的适合位置，再单独标注型孔尺寸，而零件图内仅标注型孔图形的位置尺寸即可。

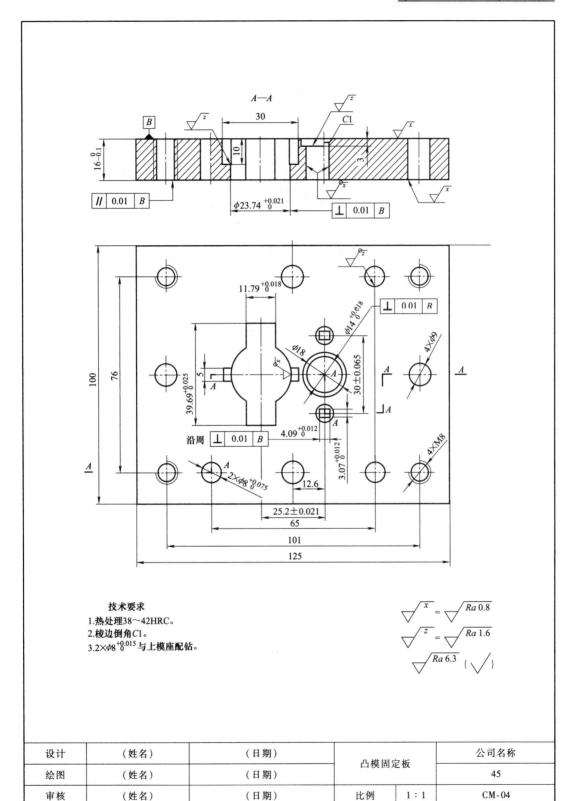

技术要求

1. 热处理38~42HRC。
2. 棱边倒角C1。
3. 2×$\phi 8^{+0.015}_{0}$与上模座配钻。

设计	（姓名）	（日期）	凸模固定板	公司名称
绘图	（姓名）	（日期）		45
审核	（姓名）	（日期）	比例 1:1	CM-04

图 2-29 凸模固定板零件图

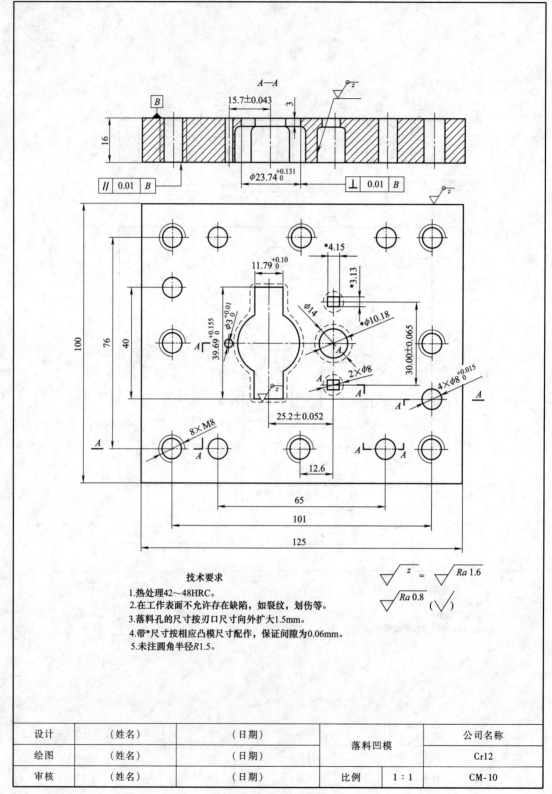

技术要求

1. 热处理42～48HRC。
2. 在工作表面不允许存在缺陷，如裂纹，划伤等。
3. 落料孔的尺寸按刃口尺寸向外扩大1.5mm。
4. 带*尺寸按相应凸模尺寸配作，保证间隙为0.06mm。
5. 未注圆角半径R1.5。

$$\sqrt{\frac{z}{}} = \sqrt{Ra\,1.6}$$

$$\sqrt{Ra\,0.8} \qquad \sqrt{}\; (\quad)$$

设计	（姓名）	（日期）	落料凹模		公司名称
绘图	（姓名）	（日期）			Cr12
审核	（姓名）	（日期）	比例	1：1	CM-10

图 2-30　落料凹模零件图

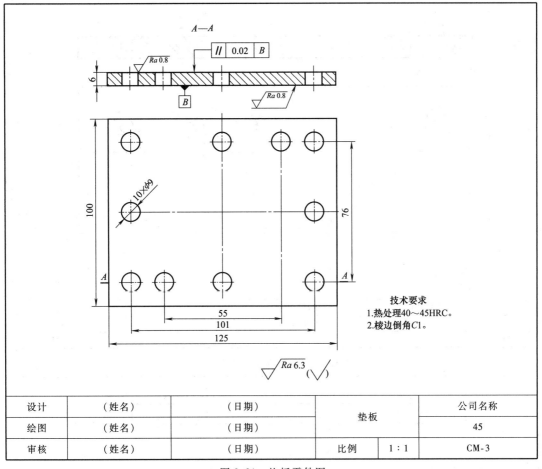

技术要求
1.热处理40～45HRC。
2.棱边倒角C1。

设计	（姓名）	（日期）	垫板		公司名称
绘图	（姓名）	（日期）			45
审核	（姓名）	（日期）	比例	1：1	CM-3

图 2-31 垫板零件图

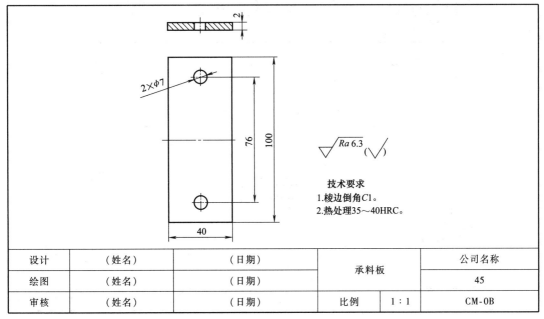

技术要求
1.棱边倒角C1。
2.热处理35～40HRC。

设计	（姓名）	（日期）	承料板		公司名称
绘图	（姓名）	（日期）			45
审核	（姓名）	（日期）	比例	1：1	CM-0B

图 2-32 承料板零件图

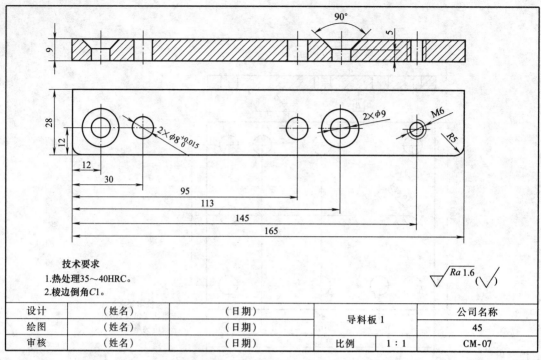

技术要求
1.热处理35～40HRC。
2.棱边倒角C1。

$\sqrt{Ra\,1.6}$ ($\sqrt{}$)

设计	（姓名）	（日期）	导料板 1		公司名称
绘图	（姓名）	（日期）			45
审核	（姓名）	（日期）	比例	1：1	CM-07

图 2-33　导料板 1 零件图

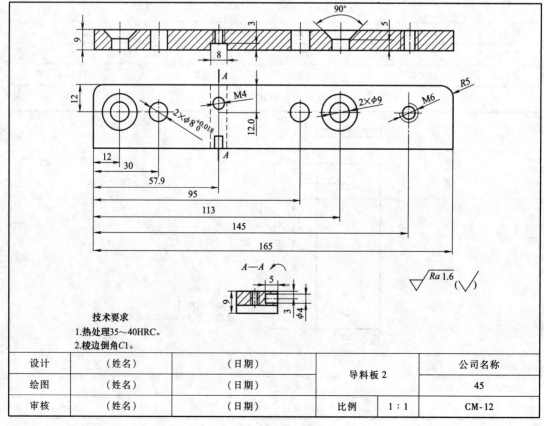

技术要求
1.热处理35～40HRC。
2.棱边倒角C1。

$\sqrt{Ra\,1.6}$ ($\sqrt{}$)

设计	（姓名）	（日期）	导料板 2		公司名称
绘图	（姓名）	（日期）			45
审核	（姓名）	（日期）	比例	1：1	CM-12

图 2-34　导料板 2 零件图

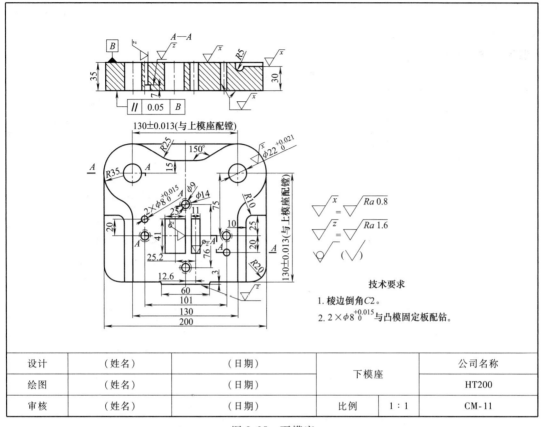

图 2-35　下模座

设计	（姓名）	（日期）	下模座		公司名称
绘图	（姓名）	（日期）			HT200
审核	（姓名）	（日期）	比例	1 : 1	CM-11

2）其他模板上型孔的配置标注。在进行凹模洞口的刃口尺寸计算时，如何处理半径尺寸 R，实践中视对 R 的测量手段以及使用要求而定，如有能精确测定 R 值的量具，则需对 R 值进行刃口尺寸的计算；如仅有靠尺等常规测量工具，则可在凹模图上标注原注 R 值。

由于凸模外形、凹模洞口及其他模板上相应的型孔都是在同一台线切割机床上用同一加工程序，根据线切割机床的间隙自动补偿功能使其在线切割机床的割制过程中自动配置一定的间隙而成，因此其他模板上型孔可按上述配置加工的特点进行标注，既简单明晰，又符合模具制作的实际情况。如果凸模固定模板按配置法特点进行标注时，仅需在模板内标注型孔的位置尺寸，而型孔的形状尺寸则在图样的适当位置加注：型孔尺寸按凸模的实际尺寸成 0.02mm 的过盈配合。

【课题解析及评价】

【情景预演】　操作员开始测绘，需要根据操作零件准备合适的工量具和确定零件配合关系，正确测量尺寸，再按国标规定画法进行装配图和零件图的绘图操作。

【课题分析】　由于模具零件各部分的配合关系和精度不一样，这需要操作员准备查阅的工具书，确定正确配合关系和尺寸公差等级。

【课题小结】 模具的测绘是装配最基本的技术之一，通过本任务的学习，学习者应掌握模具零件测量和零件图、装配图绘制技巧。

【课题考核】（表 2-3）

表 2-3　课题考核

考核项目	考核点	配分	扣分标准（每项累计扣分不超过配分）
职业素养（20%）	团队精神	5	不能与其他学员互相协助，每次扣1分
	安全意识	5	操作出现错误，每次扣1分
	职业行为习惯	10	着装不整洁，扣5分 不能遵守操作规程，每处扣1分 工量具没有定点放置，每处扣1分
正确拆装模具零件（25%）	正确选用拆装工量具	5	拆装工具选用不合理，每个扣1分
	遵守操作规程	10	拆卸工具使用不合理，每次扣1分
	零件清洗干净	5	零件清洗方式不正确，每次扣1分 零件清洗不干净，每处扣1分
	所拆零件有标识	5	标识位置不对，每处扣1分 标识不清晰，每处扣1分
模量零件尺寸测量与图形绘制（55%）	图形测量绘制与尺寸标注	30	测绘量具选用不合理，每个扣1分 测量工具使用不合理，每次扣1分 图形表达不准确，每处扣5分 尺寸标注不完整，每处扣2分 制图布局不合理，扣5分
	尺寸精度	15	尺寸精度标注不经济，每处扣5分
	表面粗糙度	10	表面粗糙度标注不完整，每处扣5分

 【想想练练】

 想一想：

1. 绘制装配图目的是什么？

2. 如何绘制模具零件图和装配图？

 练一练：

依据模具实物拆卸后，测绘画出所拆装模具的零件图和标准总装配图，标出各零件名称。

单元三 冲模的拆装

课题一　单工序冲裁模的装配

学习目标

掌握单工序冲裁模的装配方法与步骤，熟悉装配要点及装配顺序。
熟悉冲裁模装配的技术要求、特点和装配工艺过程，能装配冲裁模。

友情提示：本课题建议学时为 3 学时

【知识描述】

单工序模是指在压力机的一次行程中只完成一道冲压工序的冲模。其特点是只有一个工位，只完成一道工序。单工序模具生产的产品质量稳定性高，但生产率低。适用于批量不大但精度要求相对较高的零件冲制。单工序模可分为冲裁模、弯曲模、拉深模、翻边模和整形模等。单工序冲裁模又分为落料模、冲孔模、切边模、切口模等。本学习任务是以单工序冲孔模为例。

如图 3-1 所示插片零件外形已成形，要求本工序冲出零件左边长腰槽及零件右边非圆小孔。要求学会读模具装配图（图 3-2），并且学会单工序冲裁模的装配方法与步骤。

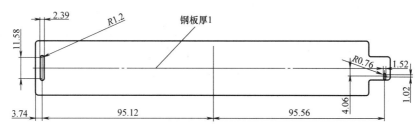

图 3-1　插片零件图

【课题分析】

零件外形已成形，要求本工序冲出零件左边长腰槽及右边非圆小孔，两个孔很小，且形状为非圆形，对冲模刃口要求硬度很高，因此淬火后的最终加工需采用电火花线切割加

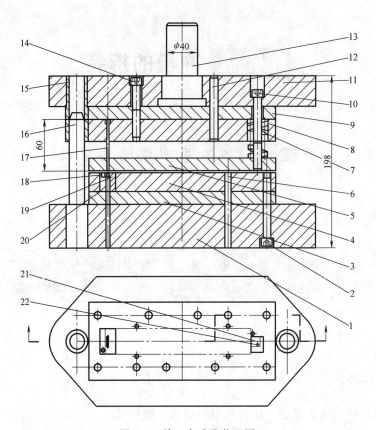

图 3-2　单工序冲孔装配图

1—下模板　2、10、14—内六角圆柱头螺钉　3—凹模垫板　4—凹模固定板　5—卸料板　6、12—圆
柱销　7—矩形压缩弹簧　8—凸模固定板　9—凸模垫板　11—上模板　13—模柄　15—导套　16—导柱
17—大凸模　18—挡料销　19—大凹模　20—圆柱螺旋压缩弹簧　21—小凹模　22—小凸模

磨削的工艺方法。该模具一次冲压中要同时冲出两个图形，因此凸模固定板、凹模固定板都采用数控电火花线切割的工艺方法在一次装夹中切出两个图形，以保证两个图形的相对位置精度。因两个凸模很细薄且很长，如图 3-3 和图 3-4 所示，装配、使用时极易折断，考虑到损毁后的更换问题，凸模的固定方法不宜采用大过盈量的压入法或铆接法，所以采用零间隙配合，即台肩式固定。小凸模厚度只有 1.52mm，因此，刃口长度只要满足行程要求即可，后面要适当加厚以增加凸模的强度，但不可过厚，以免厚度差过大产生应力集中。

　　凹模采用镶嵌件形式。虽然本零件所冲的孔很小，但工件整体面积较大，如果用整体凸、凹模，材料浪费较大，所以只采用较小的凸、凹模（材料为 Cr12MoV）镶嵌在凸、凹模固定板中（材料为 45 钢），可以节省较贵重的材料。

　　模具采用了正装式、弹压卸料结构，如图 3-2 所示。冲裁时材料是在压紧状态下进行的，冲件的表面平整，适用于厚度较薄的中、小工件冲裁。因冲裁零件有窄长槽，采用本结构可提高冲裁时的稳定性，凸模不易折断，提高了模具的使用寿命。

　　说明：按卸料方式不同，分为弹压卸料模具和固定卸料模具两种结构方式。

由于弹压卸料模具操作时比固定卸料模具方便，操作者可以看见板料在模具中的送进动作，且弹压卸料板卸料时对板料施加的是柔性力，不会损伤工件表面，因此实际设计中尽量采用弹压卸料，而只有在弹压卸料卸料力不足时，才改用固定卸料。冲件使用的模具是采用弹压卸料，还是采用固定卸料，取决于卸料力的大小，其中材料的板厚是主要考虑因素。

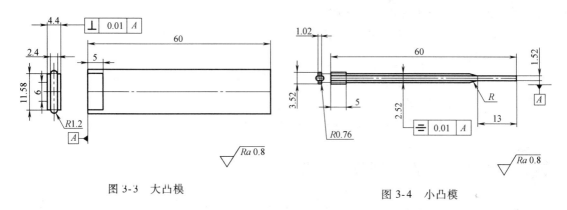

图 3-3　大凸模　　　　　　　　　　　　图 3-4　小凸模

【任务准备】

1. 阅读模具装配图

读懂模具装配图及装配技术要求，明确装配关系。分析确定合理的装配方案及装配后的检测方法，准备好测量工具等。

2. 冲模装配的技术要求和特点

除了保证冲模各个零件尺寸精度、几何公差达到要求外，还要求在装配时满足装配要求，才能保证冲出的零件符合图样要求。

模具的装配要求包括模具外观、模具在机床上的安装尺寸以及总体装配精度和要求。

1）模具外观要平整，尖角要倒钝，安装面要平整光滑，不可有毛刺及击伤痕迹。螺钉、销不能高于安装基面。

2）模具的闭合高度及安装尺寸应与压力机的各相应尺寸相匹配。

3）装配后的模具应刻有模具编号、零件名称等字样。大、中型模具应有吊装孔。

3. 模具总体装配要求

1）冲模装配后必须保证模具各零件间的相对位置精度。

2）模具装配后凸、凹模间隙要均匀，且须符合图样要求，模具运动部位（导柱、导套、顶出部件等）活动位置要准确，运动要平稳、可靠、无卡滞现象。

3）模具装配的紧固件不得松动脱落。

4）装配后模具上、下两平面应平行，平行度误差应小于 $0.01\text{mm}/(100\sim150)\text{mm}$。

5）装配后凸模部分侧面应与安装基面垂直，垂直度误差应小于 $0.01\text{mm}/100\text{mm}$。

6）模柄在装配后要与上模座的上平面垂直，垂直度误差应小于 0.05mm。

7）出件、排样应畅通无阻。

8）装配后冲模应符合除以上要求外的其他技术要求。

4. 布置工作场地、准备工具

清理模具装配工作场地，准备装配工、量具及其他相应辅助工具、设备、材料等。冲模装配场地是保证文明生产、安全生产的必要条件，必须要干净整洁、不允许有杂物；同时要将必须的工具、夹具、量具擦拭干净摆好备用。将要装配模具的所有零件包括所有螺钉、销备齐，零件去除毛刺，清洗干净备用。

1）进入装配的零件及部件（包括外购件、外协件），均必须具有检验部门的合格证方能进行装配。

2）零件在装配前必须清理和清洗干净，不得有毛刺、飞边、氧化皮、锈蚀、切屑、油污、着色剂和灰尘等。

3）装配过程中零件不允许磕、碰、划伤和锈蚀。

 【知识链接】 模具零件的加工工艺

模具零件的加工精度直接保证了模具装配的精度，零件加工精度高会大大降低模具装配的难度。随着时代的进步，数控机床行业的迅速崛起，传统的模具加工、装配方法逐步被淘汰。人们越来越多地依靠先进的数控技术来降低工人的劳动强度和对模具装配钳工个人的技术能力的要求与依赖。

模具中一般零件（非凸、凹模）的加工与其他机械零件加工并无太大差别，在此主要讲凸、凹模及凸、凹模固定板的加工方法。

（1）冲裁模中形状规则的凸模（如圆形、方形）可采用的工艺方法 车削或铣削加工后留余量——淬火——刃磨配合部位及刃口。

（2）冲裁模中不规则形状凸模和凹模与细小的孔或窄槽可采用的工艺方法 半精加工后留余量（凹模预留穿丝孔）——淬火——磨上、下两平面及侧面基准——线切割成形。

（3）对于形状复杂的拉深模可采用的工艺方法 粗加工去除余料——调质——半精加工——淬火——数控铣加工成形（对机床及刀具要求较高，且模具形状凹圆角不宜太小、深度不宜太深）；或采用粗加工去除余料——调质——半精加工——淬火——数控电火花成形加工。根据工件形状的差异可采用：数控铣加工整体电极；数控铣、线切割加工部分电极后装入电极托板的组装镶拼电极。

1. 零件加工工艺（图3-3～图3-8、表3-1～表3-4）

表3-1 大凸模工艺表

序号	工艺名称	工 艺 内 容
1	下料	锯床下料尺寸为 65mm×20mm×10mm
2	热处理	调质 25～30HRC
3	粗铣	立式铣床粗铣外形至 61mm×18mm（此尺寸见光即可）×4.4mm，尺寸 2.4mm 先达到 3.5mm
4	热处理	淬火 58～62HRC

（续）

序号	工艺名称	工 艺 内 容
5	磨	1. 磨两端面 60mm 到图样尺寸，保证两面平行度 2. 磨两面到图样尺寸 2.4mm（注意保证对称度、垂直度），同时保证尺寸背台 5mm
6	线切割	线切割两端 R1.2mm 的圆弧，以已磨好的 2.4mm 的两面对中心为基准，以百分表找正垂直度后切割。注意：R1.2mm 应与 2.4mm 的两平面相切

小凸模的工艺方法与大凸模基本相同，磨削时应注意尺寸 1.52mm 与 2.52mm 的对称度要求。

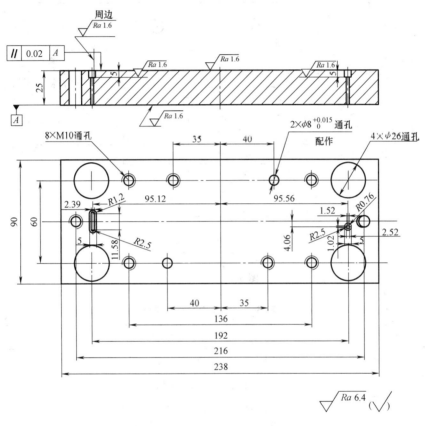

图 3-5 凸模固定板

表 3-2 凸模固定板工艺表

序号	工艺名称	工 艺 内 容
1	下料	锯床下料尺寸为 250mm×100mm×35mm
2	粗铣	铣床粗铣外形尺寸到 238.5mm×90.5mm×26mm（基准面留 0.5mm 磨量）
3	磨	1. 磨上下两平面间距 25mm 到图样尺寸，保证两面平行度 2. 磨 X、Y 两方向基准面
4	数控铣	找正基准面，铣凸模固定板的两长腰槽孔上的背台孔；中心钻钻削所有孔的中心定位孔；钻 8×M10 螺纹孔底孔；攻螺纹 M10
5	数控线切割	找正基准面，切凸模固定板的两长腰槽孔
6	钳工	钻 4×ϕ26mm 通孔；去毛刺；倒角

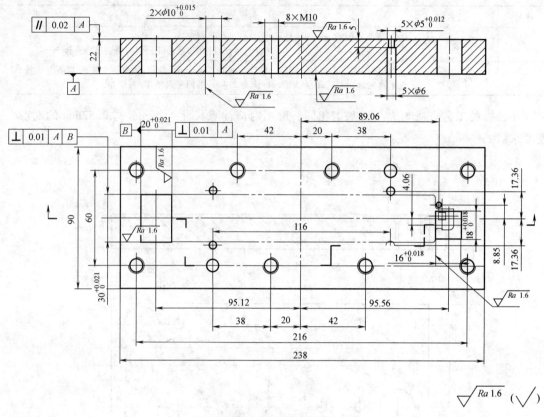

图 3-6 凹模固定板

表 3-3 凹模固定板工艺表

序号	工艺名称	工 艺 内 容
1	下料	锯床下料尺寸为 250mm×100mm×30mm
2	粗铣	铣床粗铣外形尺寸到 238.5mm×90.5mm×23mm
3	磨	1. 磨上下两平面间距 22mm 到图样尺寸,保证两面平行度 2. 磨 X、Y 两方向基准面
4	数控线切割	切大、小凹模定位孔
5	钳工	压入法把大、小凹模(型孔未加工到尺寸,但背面的台阶孔已加工完)装入固定板
6	磨	凹模与其固定板同磨上、下两面
7	数控线切割	找正凹模固定板的基准面,切大、小凹模型孔

表 3-4 大凹模工艺表

序号	工艺名称	工 艺 内 容
1	下料	锯床下料尺寸为 35mm×25mm×26mm
2	粗铣	铣床粗铣外形尺寸到 31mm×21mm×23mm;钻长孔、圆孔的穿丝孔、φ6mm 孔(基准面留磨量 0.5mm)

（续）

序号	工艺名称	工 艺 内 容
3	热处理	淬火 58~62HRC
4	磨	磨六面到图样尺寸(基准面磨掉所留磨量 0.5mm)
5	钳工	用压入法把凹模装入凹模固定板
6	磨	凹模与其固定板同磨上、下两面
7	数控线切割	找正凹模固定板的基准面,切大、小凹模型孔
8	钳工	抛光、装配

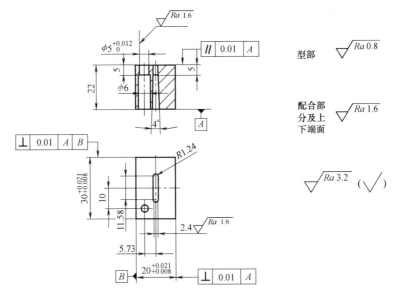

图 3-7　大凹模

小凹模的工艺与大凹模基本相同。

2. 数控电火花线切割

（1）数控电火花线切割工作原理　数控电火花线切割是模具制造中常用的加工方法，它是利用连续移动的细金属导线（如电极丝、铜丝）作为工具电极（接高频脉冲电源的负极），对工件（接高频脉冲电源的正极）进行脉冲火花放电腐蚀、切割加工的。其加工原理如图 3-9 所示，加上高频脉冲电源后，在工件与电极丝之间产生很强的脉冲电场，使其间的介质被电离击穿，产生脉冲放电。电极丝在储丝筒的作用下做正反向交替（或单向）运动，在电极和工件之间浇注工作液介质，在机床数控系统的控制下，工作台相对电极丝在水平面两个坐标方向各自按预定的程序运动，从而切割出需要的工件形状。

（2）数控电火花线切割的加工特点　电火花线切割加工和电火花成形加工与传统切削加工相比，有其特殊的一面，其加工特点可以归纳为以下 7 个方面：

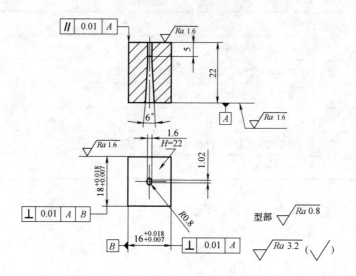

图 3-8　小凹模

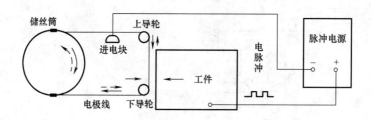

图 3-9　线切割工作原理

1）直接利用线状的电极丝做线电极，不需要像电火花成形加工一样的成形工具电极，可节约电极设计、制造费用，缩短生产准备周期。

2）可以加工传统切削加工方法难以加工或无法加工的微细异形孔、窄缝和形状复杂的工件。

3）利用电蚀原理加工，电极丝与工件不直接接触，两者之间的作用力很小，因而工件的变形很小，电极丝、夹具不需要太高的强度。

4）传统的车、铣、钻加工中，刀具硬度必须比工件硬度大，而数控电火花线切割机床的电极丝材料不必比工件材料硬，所以可以加工硬度很高或很脆，用一般切削加工方法难以加工或无法加工的材料。在加工中作为刀具的电极丝无须刃磨，可节省辅助时间和刀具费用。

5）直接利用电、热能进行加工，可以方便地对影响加工精度的加工参数（如脉冲宽度、间隔、电流）进行调整，有利于提高加工精度，便于实现加工过程的自动化控制。

6）电极丝是不断移动的，单位长度损耗少，特别是在慢走丝线切割加工时，电极丝是一次性使用，加工精度高（可达±2μm）。

7）节省材料，切下较贵的大块凹模芯料可再利用。

有些书讲到，采用线切割加工凸、凹模可一次加工成形。这种情况只有在极特殊的情况下才可能出现（出现的概率几乎为零），其原因如下：

a. 一般冲模凸模都比凹模高，要想一次加工成形，首先需要凸、凹模等高。

b. 一般冲模凹模的成形刃口部分深度只有几毫米，后边要扩孔，如图 3-10 所示，这是为了冲出的零件或废料漏出顺利，不会有卡死的情况出现。刃口部分需淬火后进行线切割，后边漏料部分如在切完刃口后加工，则需制作成形电极进行电火花脉冲加工且工时很长。这些费用的总和与节省的工件材料费用相比得不偿失。

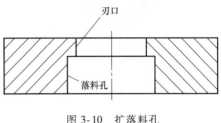

图 3-10　扩落料孔

c. 要做到凸、凹模一次加工成形还需凸、凹模之间的间隙正好等于电极丝的直径加放电间隙，且凸、凹模之间要留有钻穿丝孔的位置。

【课题实施】

以图 3-2 所示单工序冲孔装配图为例，所有零件加工完毕（型部重要尺寸全部用数控线切割加工），去除毛刺、棱角倒钝、螺纹孔加工完毕，销孔待加工。

1. 装配上、下模座

1）将导套压入上模座，保证导套与上模座垂直，如图 3-11 所示。

2）将模柄压入上模座，保证模柄与上模座垂直，如图 3-12 所示。

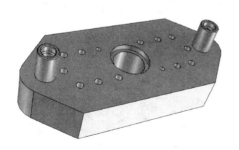

图 3-11　保证导套与上模座垂直

图 3-12　保证模柄与上模座垂直

3）将导柱压入下模座，如图 3-13 所示，保证导柱垂直于下模座底面。用百分表测量垂直度，方法如图 3-14 所示。

4）将上、下模座合拢后，如图 3-15 所示，上、下移动，如图 3-16 所示，检查其运动是否平稳，是否有卡滞现象。如检查是否在装配时有毛刺、小颗粒切屑或导套孔有误差，并重装模架予以纠正。检查上、下模架各自的上下两平面是否平行，如不平行则重磨平面。

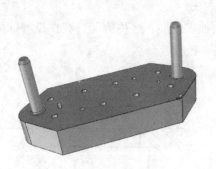

图 3-13　保证导柱垂直于下模座

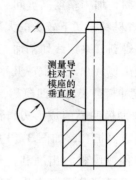

图 3-14　用百分表测量垂直度

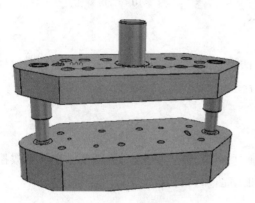

图 3-15　上、下模座合拢

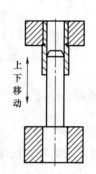

图 3-16　上、下移动

2. 组装上模部分

1）将上模固定板大、小凸模备好，如图 3-17 所示，并将大、小凸模装入固定板，如图 3-18 所示。上平面不平时要磨平，保证其与固定板上平面保持垂直。

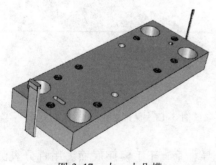

图 3-17　大、小凸模

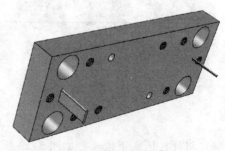

图 3-18　装入固定板

2）将上模固定板、垫板、上模座备好，如图 3-19 所示。用内六角圆柱头螺钉紧固，如图 3-20 所示。

3）将卸料板套入大、小凸模（避免碰撞），卸料板与上模固定板之间的弹簧暂时不安装，如图 3-21 所示。

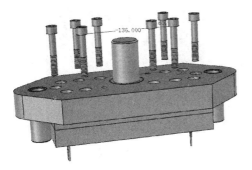

图 3-19　备好零部件

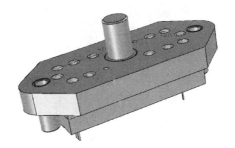

图 3-20　用螺钉紧固

3. 组装下模部分

1）准备好大、小凹模和固定板，如图 3-22 所示。将大、小凹模压入下模固定板（大、小凹模的型孔不加工），刃磨上、下两面及 X、Y 向基准面（数控铣、钻穿丝孔、铣之前背面落料孔已做好），线切割两型孔，如图 3-23 所示。

图 3-21　装入卸料板

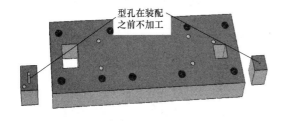

型孔在装配之前不加工

图 3-22　准备好零部件

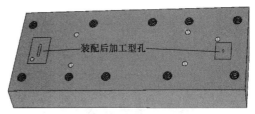

装配后加工型孔

图 3-23　加工型孔

2）将带固定板的大、小凹模一起安装在凸模上，调整间隙使其均匀（可用塞尺测试凸、凹模之间的间隙使其均匀），如图 3-24 所示。安装后如图 3-25 所示。

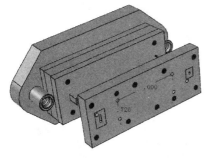

图 3-24　调整间隙

图 3-25　安装后

3）将挡料销及弹簧装入凹模固定板，如图 3-26 和图 3-27 所示。

4）将凹模垫板放在凹模固定板之上并对准螺钉孔位，如图 3-28 和图 3-29 所示。

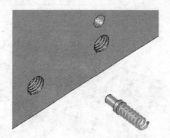

图 3-26　装入挡料销及弹簧

图 3-27　凹模固定板位置

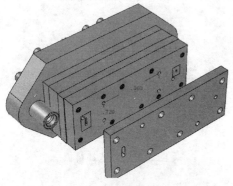

图 3-28　将凹模垫板放在凹模固定板上

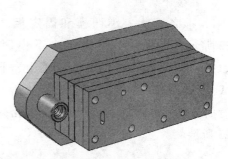

图 3-29　对准螺钉孔位

5）将带有下模座的导柱插入导套，如图 3-30 和图 3-31 所示。

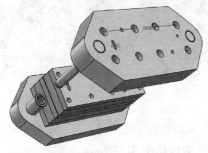

图 3-30　装入导柱

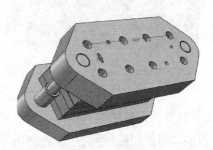

图 3-31　安装后

6）将下模部分用螺钉拧紧固定，如图 3-32 和图 3-33 所示。

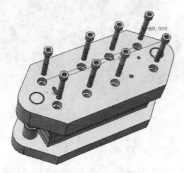

图 3-32　装入螺钉

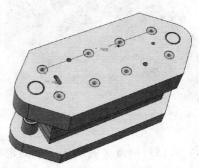

图 3-33　安装后

4. 组装其他部分

1）将上、下模分开，取下卸料板，如图 3-34 所示。在上模固定板装上卸料弹簧，如图 3-35 所示。

图 3-34　取下卸料板

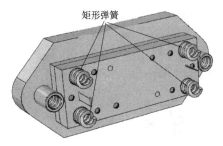

图 3-35　装上弹簧

2）重新装上卸料板，如图 3-36 所示。将卸料板与凸模之间的间隙调整合理后拧紧螺钉，如图 3-37 所示。

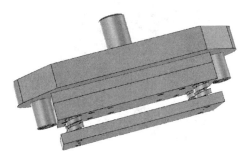

图 3-36　重新装上卸料板

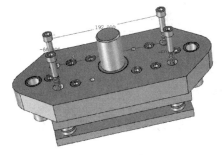

图 3-37　拧紧螺钉

3）将上模部分固定后利用导柱将上、下模连接，上、下滑动保证其顺畅，如图 3-38 所示。

5. 试模

试冲压工件，并测量尺寸，调整模具直到尺寸符合图样要求为止。

6. 其他

1）试模合格后，拆开上、下模，配钻、铰各销孔，安装定位圆柱销。

a. 将上、下模部分分开。

b. 配钻、铰上模定位销孔，如图 3-39 所示。压入销，如图 3-40 所示。

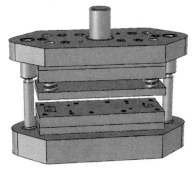

图 3-38　安装后

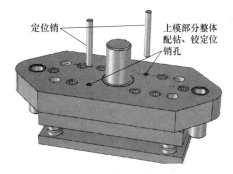

图 3-39　配钻、铰上模定位销孔

c. 配钻、铰下模定位销孔，如图 3-41 所示。压入销，如图 3-42 所示。

d. 再次合模后即完成模具的装配，如图 3-43 所示。

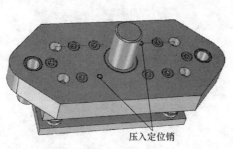

图 3-40 压入销

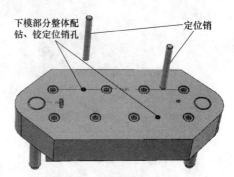

图 3-41 配钻、铰下模定位销孔

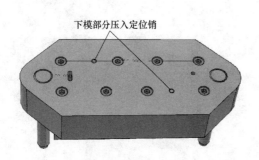

图 3-42 压入销

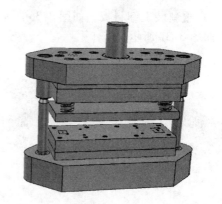

图 3-43 完成装配

2）对试模时修磨过的定位销车圆，进行热处理并再装上。

3）对模具进行防锈处理，要求与空气直接接触的部位均须涂防锈油。

4）外露侧面涂上防锈漆，打钢印（打模具编号及名称），装铭牌。

5）装上合模垫块，复模、交检、出厂。

 【课题解析及评价】

【课题考核】（表 3-5）

表 3-5 课题考核

考 核 项 目	考 核 要 求	配分	评分
模具闭合高度	符合图样规定的要求	5	
导柱上、下滑动	应平稳、可靠	5	
凸、凹模间的间隙	符合图样规定的要求，且分布均匀	10	
定位和挡料装置的相对位置	符合图样要求	10	
卸料和顶件装置的相对位置	符合图样要求，超高量在允用规定范围内，工作面不允许有倾斜或单边偏摆，以保证制件或废料能及时卸下和顺利顶出	10	

（续）

考核项目	考核要求	配分	评分
紧固件装配	应可靠,螺栓的螺纹旋入长度在钢件连接时应不小于螺栓的直径;铸件连接时应不小于 1.5 倍螺栓直径;销与每个零件的配合长度应大于 1.5 倍销直径;螺栓和销的端面不应露出上、下模座等零件的表面	5	
落料孔或出料槽	应畅通无阻,保证制件或废料能自由排出	10	
标准件互换性	应能互换,紧固螺钉和定位销与其孔的配合应正常、良好	5	
模具在压力机上的安装尺寸	需符合选用设备的要求	5	
起吊零件	起吊零件应安全可靠	5	
生产前试验	冲出的制件应符合设计要求	20	
安全、纪律	遵守相关规定	10	

【课题小结】

　　模具装配完成后,需经检验、试冲、调试,反复试验直到冲出合格的工件为止。试冲后检查制件,如发现间隙不均匀则需重新拆卸模具,调整间隙后再进行试冲,直到冲出合格的零件时再配打销孔,打入圆柱销固定。装配精度的检验要符合装配图要求,装配图未做明确要求时,应检验以下各项:

　　1）各零部件之间的相互位置精度。模架上各工作表面的平行度、垂直度;上、下模的相互位置精度;定位销与型腔的相互位置精度。

　　2）运动部件的相互位置精度。如卸料部件的运动状况及工作稳定性;传动部件的运动精度等。

　　3）配合精度和接触精度。如模具导向机构的实际配合间隙、运动平稳性、配合面接触面积等。

　　总之,模具装配后是否合格要看冲出的制件尺寸及其精度是否合格。

 【想想练练】

 想一想:

　　1. 单工序模是指在压力机的一次行程中_____的冲模。单工序冲裁模又分_____、_____、切边模、切口模等。

　　2. 简述单工序模的特点和应用场合。

 练一练:

　　简述单工序冲裁模的装配方法与步骤。

课题二 复合冲裁模的装配

学习目标

> 掌握复合冲裁模的装配方法与步骤，熟悉复合冲裁模的工作原理和结构特点，能正确阅读零件图和装配图，能按技术要求装配复合冲裁模。

友情提示：本课题建议学时为 3 学时

【知识描述】

复合冲裁模是一种多工序模。压力机的一次行程中，在模具的同一位置上完成两个或两个以上的冲压工序的模具称为复合模。复合模冲出制件的精度及生产率都较高，但模具强度较差，制造难度大，且操作不方便。复合冲裁模分为正装式复合模和倒装式复合模两种。正装式复合模在冲裁时，板料被弹顶装置和凸凹模紧紧地夹住，故冲出的制件较平直，适用于平直度要求较高或冲裁时易弯曲的大而薄的冲裁件。但由于冲裁后冲裁件和冲孔废料及板料全部落在下模工作面上，清除困难，操作不方便且不太安全，故不适用于多孔的冲裁件生产。倒装式复合冲裁模结构简单，冲裁件和板料落在下模工作面上，冲孔废料由模具下面漏出，退件方便，应用较广。但倒装式复合模工作时，板料不是处在被压紧的情况下冲裁，因此冲裁件的平直度不高，故不适用于大而薄且平直度要求较高的冲压件和冲裁件。

本学习任务的零件形状较为简单、面积较小、批量较大，模具设计成外形、内孔一次成形，如图 3-46 所示，采用在上模内设置弹性顶件装置的倒装式复合冲裁模结构，可有效克服倒装模顶件不紧的弊端。

【课题分析】

如图 3-44 所示挡板零件图，需要冲出 $\phi10mm$ 孔和外形落料两道工序，为了方便加工生产和减少模具制造成本，采用落料、冲孔一套复合模。用复合冲裁模使零件外形、内孔在一次冲裁中全部成形。但如果采用正装式复合模，冲出的小孔废料会留在工作面上，清理不方便。因此，模具采用了图 3-46 所示的倒装式、弹压卸料结构。

倒装式复合模的特点是凹模在上模。倒装式复合模工作中不必清除小孔废料，只需取走上面的工件，操作方便，所以被广泛采用。零件在一次冲裁中外形、内孔全部冲出，相对位置精度较高，生产率高。采用倒装式复合模最大的缺点是冲裁件不够平直，因此在上模设置了弹压装置，冲裁时可以压紧工件，在卸料时采用弹压卸料，在下模采用了矩形弹簧卸料装置，弹力较大，卸料板较为稳定。因材料是在压紧状态下进行冲裁的，冲裁件的表面平整。此结构适用于较薄的中、小工件冲裁。工件批量较大时，因工作零件凸模、凹模、凸凹模在冲裁一定数量制件后就需要刃磨，刃磨后模具厚度就要缩小，所以模具修磨后需对凸模、退料块、凹模同磨，刃磨凸凹模后，调整卸料板螺钉即可。

工件的定位采用固定式挡料销，如图 3-45 所示。

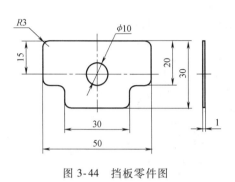

图 3-44　挡板零件图

图 3-45　挡料销

读懂装配图，明确如下装配要求：

1）零件在装配前必须清理和清洗干净，不得有毛刺、飞边、氧化皮、锈蚀、切屑、油污、着色剂和灰尘等。装配过程中零件不允许被磕碰和划伤等。

2）本模具要求装配后间隙均匀一致。

3）推杆机构推力的中心应与模柄中心重合，打料杆工作中不得歪斜，以防工件和废料无法推出，导致小凸模折断。下模中设置的顶出机构应有足够的弹性，并保持工作平稳，以保证工件的精度要求。

4）模具装配后沿导柱上下移动应平稳、无卡滞现象，导柱和导套配合的精度应符合国家标准规定，且间隙均匀。

【任务准备】

1. 阅读复合冲裁模模具装配图

读懂模具装配图及装配技术要求，明确装配关系。分析确定合理的装配方案及装配后的检测方法，准备好测量工具等。

2. 看懂工作原理

如图 3-46 所示挡板复合冲裁模装配图，钢板放在卸料板（件号 8）上，压力机带动上模架上所有零件向下运动，落料凹模（件号 11）压住钢板，上模继续向下运动，弹簧被压缩，凸凹模（件号 7）切断钢板插入凹模（件号 11），同时退料块（件号 10）被顶动，且带动打料杆（件号 21）和打杆（件号 15）向上运动，与此同时凸模（件号 22）切断钢板插入凸凹模（件号 7）中间的孔中（注：此时件号 7 既是凸模又是凹模，因此称为凸凹模），模具完成了冲裁过程。压力机带动上模向上运动，打杆（件号 15）在弹簧（件号 25）的推动下推动打料杆（件号 21）、退料块（件号 10）向下把工件从凹模（件号 11）推出。同时由于上模向上运动，离开下模，卸料板（件号 8）在压缩弹簧（件号 5）

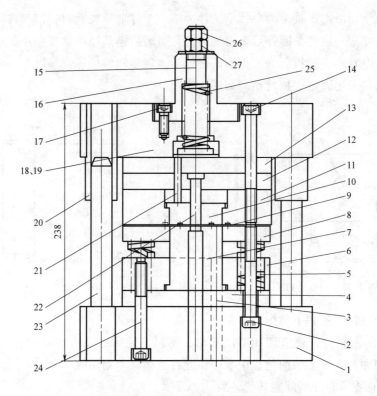

图 3-46　挡板复合冲裁模装配图

1—下模板　2、14、17、24—内六角圆柱头螺钉　3、18—圆柱销　4—下模垫板

5、25—压缩弹簧　6—凸凹模固定板　7—凸凹模　8—卸料板　9—挡料销　10—退

料块　11—落料凹模　12—凸模固定板　13—垫板　15—打杆　16—模柄　19—上

模板　20—导套　21—打料杆　22—凸模　23—导柱　26—六角螺母　27—垫圈

的弹力作用下向上运动把废料顶出。

3. 冲模装配的技术要求和特点（与单工序冲裁模要求基本相同）

4. 布置工作场地，准备工具

清理模具装配工作场地，准备装配工、量具及其他相应辅助工具、设备、材料等。为保证文明生产、安全生产，冲模装配场地必须要干净整洁，不允许有杂物。同时要将必须的工具、夹具、量具擦拭干净、摆好备用，将要装配模具的所有零件包括所有螺、销备齐，零件去除毛刺，清洗干净备用。

【知识链接一】　冲模的固定方法

冲模的固定方法有机械固定方法、物理固定方法、化学固定方法等，根据固定方法的不同，其固定形式也各不相同，主要有以下几种常见的固定形式：

1）直接与冲头或上托连接的凸模，如图 3-47 所示。a 型和 b 型用于工件数量较少的简单冲模；c 型用于冲裁较大的窄长工件；d 型用于冲裁中型和大型的工件。

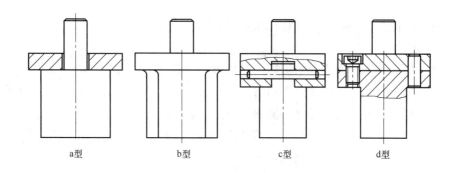

图 3-47 直接与冲头或上托连接的凸模

2）固定在凸模固定板中的凸模，如图 3-48 所示。

a 型：背台式固定法是采用较多的一种安装形式，多用于冲压力较大、稳定性要求较好的凸模安装。其凸模的安装部分上端有大于安装断面尺寸的背台，可以防止凸模在固定板中脱落。凸模和固定板多采用过渡配合或过盈配合形式，装配稳定性较好，但不便于拆卸和维修。

b 型：直通式冲头，上端开孔插入圆销，用于线切割后不能保留台肩的凸模。

c 型：凸模与固定板配合面积较大，可用螺钉紧固。凸模整体或镶拼式凸、凹模的拼块用螺钉和销紧固。复杂镶拼结构的凸、凹模可不用外边固定板的配合，而直接在垫板上用销定位、螺钉紧固的方式。

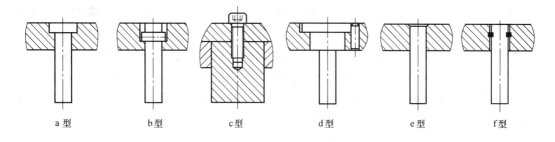

图 3-48 固定凸模

d 型：用于复杂形状凸模，固定部分为圆形、压入式过盈配合，台肩加止转销。

e 型：凸模与固定板铆接安装。凸模装入固定板以后，将凸模上端铆出斜面，以防凸模脱落。这种凸模固定形式多用于不规则形状断面的凸模安装。但这类凸模在热处理淬火时，应采用局部淬火工艺，即铆接安装部分淬火硬度不应过高，以便于铆接；或端部回火后铆接，用于断面不变的直通式凸模。

f 型：对于冲压厚度小于 2mm、冲压力不大的冲模，可浇注低熔点合金、环氧树脂、无机粘结剂等粘结固定。利用这种方法，其固定板与凸模间有明显的间隙，固定板只需粗略加工，方便省事。凸模安装部分也无须精密加工，简化了装配。

【知识链接二】 冲模凸、凹模间隙控制方法

冲模凸、凹模间隙的大小和均匀程度直接影响冲裁件的质量和模具的使用寿命。装配质量将直接影响凸、凹模的间隙是否均匀，因此装配也是模具制造中十分重要的环节，如加工时凸、凹模的尺寸精度虽已达到要求，但是在装配时如果调整不好，就会造成间隙不均匀，冲出的零件有飞边，甚至会冲出不合格的零件。模具装配的关键是要控制凸、凹模的相对位置，以保证凸、凹模的间隙均匀，冲出合格的零件。

凸、凹模的间隙控制，应根据冲模结构、间隙大小、冲裁件的质量要求和实际装配条件来选定。凸、凹模间隙的控制与调整方法有以下几种：

（1）透光法　将凸、凹模合模后，用光照射底面，观察凸、凹模刃口周围透过的光线和分布情况来判断间隙的大小和均匀性。如果不均匀，则需重新调整至间隙均匀后再固定，此法适用于薄板小间隙冲裁模。

（2）塞尺法　将凸、凹模合模后，用凸、凹模单边间隙厚度的塞尺塞入凸、凹模各方向间隙中，拧紧上模固定螺钉，然后放入纸张试冲。试冲合格后将上模座与固定板配钻、铰定位销孔，并打入销定位。

（3）垫片调整法　垫片调整法简便、应用广泛。合模后垫好等高垫铁，将垫片包在凸模上，使凸模进入凹模内，观察凸、凹模的间隙状况。如果间隙不均匀，用敲击凸模固定板的方法调整间隙，然后拧紧上模固定螺钉。最后放纸试冲，观察切纸上四周毛刺均匀程度，从而判断凸、凹模间隙是否均匀，再调整间隙直至冲裁毛刺均匀为止。调整完成后将上模座与固定板配钻、铰定位销孔，并打入销定位。这种方法广泛适用于冲裁材料较厚的大间隙冲模和弯曲、拉深成形模具的间隙控制。

（4）化学法　当凸、凹模的形状复杂时，用上述几种方法调整间隙比较困难，这时可用化学方法来控制间隙，常用的是电镀法。电镀法是在凸模工作端表面镀上一层铜或锌来代替垫片。镀层厚度与单边间隙相同，刃入凹模孔内，检查上下移动无阻滞现象即可装配紧固。镀层在冲模使用过程中会自然脱落，无须去除。此法镀层均匀，可提高装配间隙的均匀性。

（5）工艺措施调整法　采用工艺措施调整模具间隙主要有 3 种：

1）尺寸法：加工凸模时，将凸模前端适当加长，加长段截面尺寸与凹模型孔尺寸相同。装配时，使凸模进入凹模型孔，自然形成冲裁间隙，然后将凸模连同凸模固定板一起与上模座配作销固定，最后将凸模前端加长段去除即可形成均匀间隙。

2）定位孔法：工艺定位孔法和级进模的原理差不多，加工时在凸模固定板和凹模相同的位置上加工两定位孔，可将定位孔与模具型腔一次切割出。装配时在定位孔内插入定位销来保证间隙。

3）定位套法：工艺定位套法是装配前先加工一个定位套。需一次装夹加工，以保证同轴度。装配时使其分别与凹模、凸模和凸凹模的孔处于滑动配合来保证各处的冲裁间隙。将凸模连同凸模固定板一起与上模座配作销固定，最后将定位套卸下，间隙即调整好。

4）标准样板法：根据零件图预先在线切割机床上加工一标准样板或采用合格冲压零

件，装配调整时将其放在凸、凹模之间，使上、下模相对运动时松紧程度适当即可。

5）测量法：测量法采用的测量工具为塞尺。塞尺测量法调整后的凸、凹模间隙均匀性好，是常用的方法。装配时，在凸模刃口放入凹模孔内后，根据凸、凹模间隙的大小选择不同规格的塞尺插入凸、凹模间隙中，检查凹模刃口周边各处间隙，并根据测量结果进行调整。调整时只要敲击凸模固定板至调整好为止。

模具凸、凹模间隙是否得当直接影响到冲裁件的质量和模具的使用寿命，因此确定和调整凸、凹模间隙是十分关键的。调整的方法多种多样，应根据情况选择不同的调整方法，在保证提高效率的基础上正确调整、修配好冲裁间隙以冲出合格制件。

【课题实施】

随着数控机床、数控电火花线切割机床越来越普遍地应用在模具行业，模具零件基本由以上两种机床加工成形，并保证准确的尺寸、形状和位置要求。

复合模一般采用配作装配法。装配实习操作步骤如下（参照装配图 3-46）。

1. 组件装配（清洗、检验、加润滑油），将主要零件如模架、模柄、凸模等进行组装

1）组装模架。采用压入装配法将导套（件号 20）压入上模板（件号 19），压装过程中导套要垂直于上模板，如图 3-49a、b 所示。

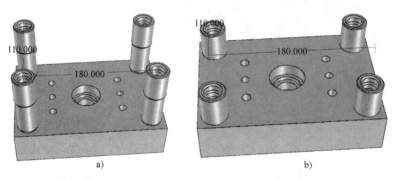

图 3-49　将导套压入上模板

2）导柱（件号 23）压入下模板（件号 1），如图 3-50a 所示。检查导柱与下模板的垂直度，如图 3-50b 所示。

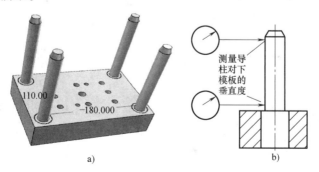

图 3-50　将导柱压入下模板并检查垂直度

a）将导柱压入下模板　b）检查导柱与下模板的垂直度

3）导柱、导套之间滑动要平稳、无阻滞现象，并且上、下模板之间应平行，如图3-51所示。

2. 组装上模部分

1）将冲孔凸模（件号22）压入凸模固定板（件号12），如图3-52a所示，并保证凸模与其固定板垂直。装配后应磨平凸模与凸模固定板上面，如图3-52b所示。

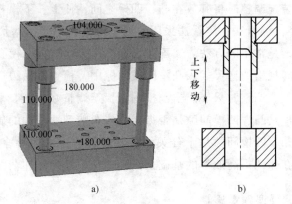

图3-51 导柱、导套之间滑动要平稳

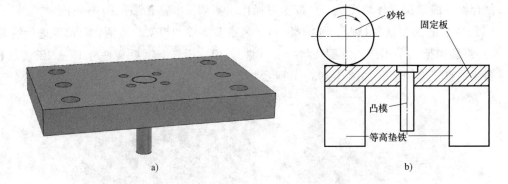

图3-52 将冲孔凸模压入凸模固定板

2）将退料块（件号10）装在冲孔凸模（件号22）上，如图3-53所示。

3）将落料凹模（件号11）装在退料块（件号10）上，如图3-54a、b所示。

4）若凸模、凹模、退料块不平，则刃磨刃口面，如图3-55所示，之后去掉垫块。

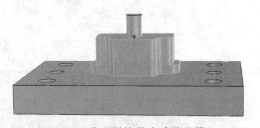

图3-53 将退料块装在冲孔凸模上

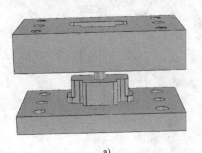

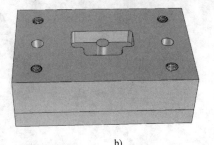

图3-54 将落料凹模装在退料块上

5）将组装好的上模部分零件翻转，如图3-56a所示。组装垫板（件号13）、打料杆（件号21），如图3-56b所示。

6）组装完成。图3-57所示为装入打杆隐去凹模后的效果。

7）组装模柄（件号16）。将模柄安装在上模板（件号19）上，拧入螺钉（件号17），并应保证模柄部位垂直于顶板的上平面，如图3-58所示。

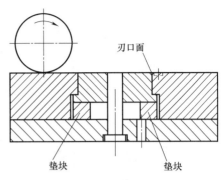

图 3-55　刃磨刃口面

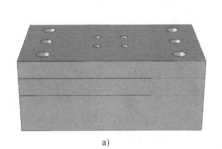

a)

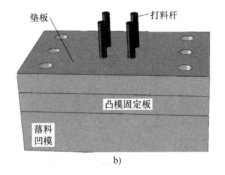

b)

图 3-56　将上模部分翻转，组装垫板、打料杆

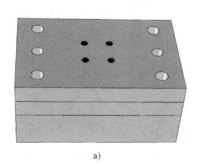

a)

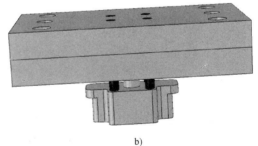

b)

图 3-57　组装完成

a)

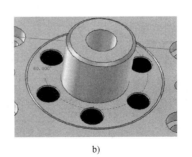

b)

图 3-58　组装模柄

8）将压缩弹簧（件号 25）套在打杆（件号 15）上，如图 3-59a 所示。装入模柄（件号 16）并拧紧螺母，如图 3-59b 所示。

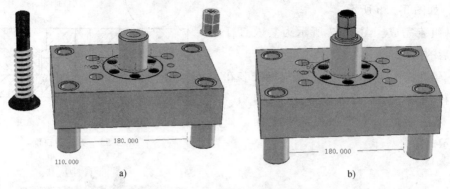

a)   b)

图 3-59　装上压缩弹簧、模柄和螺母

9）将组装好的垫板、凸模固定板、落料凹模与上模座组装在一起拧上螺钉（件号 14），但不要拧紧，如图 3-60a、b 所示。

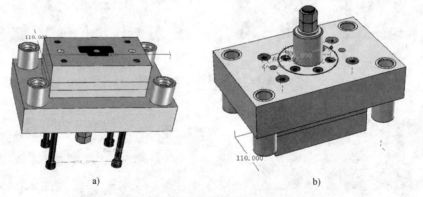

a)   b)

图 3-60　与上模座组装

10）将组装好的上模翻转使落料凹模（件号 11）及组件（件号 10、11、12、13、15、16、19、20）向上，拧紧螺母（件号 26），使退料块向里缩进一段距离，如图 3-61a 所

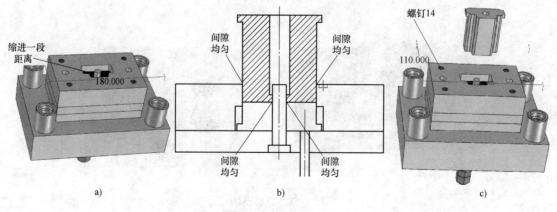

a)   b)   c)

图 3-61　组装完成

示。用凸凹模（件号 7）校正冲孔凸模（件号 22）与落料凹模的相对位置，如图 3-61b 所示，并用间隙找正法（可用塞尺测试间隙）保证冲孔凸模与落料凹模间隙均匀。然后从下面拧紧螺钉（件号 14），如图 3-61c 所示。

3. 总装配

1）首先用压入法将凸凹模（件号 7）压入凸凹模固定板（件号 6）中，如图 3-62a、b 所示。

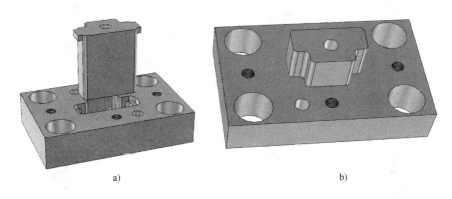

a)　　　　　　　　　　　　　　　　　b)

图 3-62　将凸凹模压入凸凹模固定板

2）将带固定板的凸凹模（件号 7）插于冲孔凸模（件号 22）与落料凹模（件号 11）之间，并保证其间隙均匀（可用塞尺测试间隙），如图 3-63a、b 所示。

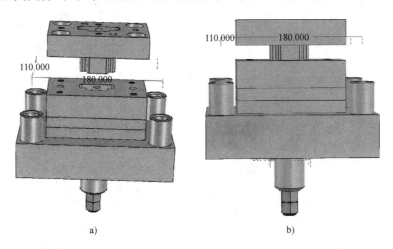

a)　　　　　　　　　　　　　　　　　b)

图 3-63　装入带固定板的凸凹模

3）放上下模垫板，将组装好的下模架导柱插入上模架的导套中，如图 3-64a 所示，保证其运动平稳、无卡滞现象。将螺钉（件号 24）拧紧，如图 3-64b 所示。

4）将下模部分移去后翻转，如图 3-65a 所示，装上卸料弹簧（件号 5）及卸料板（件号 8），调整卸料板与凸凹模之间的间隙，并使卸料板上面与下模座底面平行，如图 3-65b 所示。

5）拧紧退料板螺钉（件号 2），如图 3-66a、b 所示。若卸料板不平行或间隙不均匀，则调整四角的螺钉。

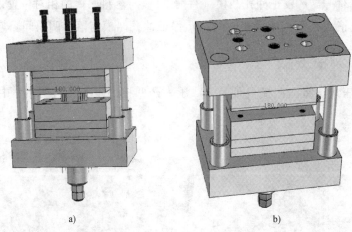

a)   b)

图 3-64 组合下模架和上模架

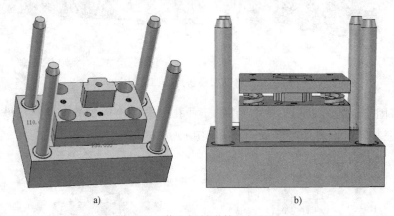

a)   b)

图 3-65 装上卸料弹簧及卸料板

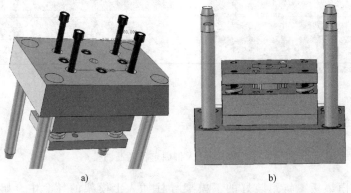

a)   b)

图 3-66 拧紧退料板螺钉

6）辅助零件的安装，如挡料销（件号 9），如图 3-67 所示。

7）调整凸、凹模间隙。合拢上、下模，以凹模为基准，用切纸法精确找正凸凹模位置。如果凸模与凸凹模的孔不对正，可轻轻敲打凸模固定板 12，利用螺钉孔的间隙进行调整，直到间隙均匀为止，如图 3-68 所示。

8）试切薄纸片后再试切零件，当试出合格的零件后，分开上、下模，然后在下模配钻、铰圆柱销（件号3）孔，如图3-69a所示。打入圆柱销，如图3-69b所示。

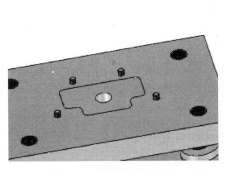

图3-67　辅助零件的安装

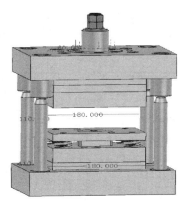

图3-68　调整凸、凹模间隙

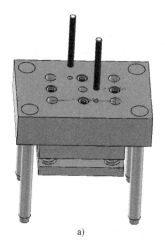

a)

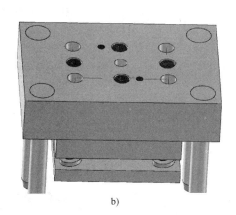

b)

图3-69　下模铰孔、打入圆柱销

9）上模配钻、铰圆柱销（件号18）孔，如图3-70a所示。打入圆柱销，如图3-70b所示。

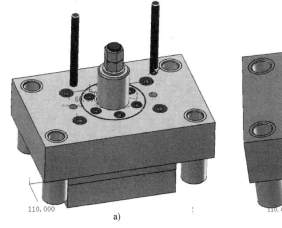

a)

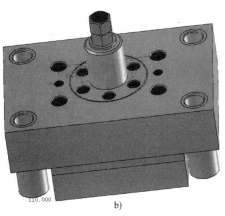

b)

图3-70　上模配钻铰孔、打入圆柱销

【课题解析及评价】

【课题考核】（表3-6）

表3-6　课题考核

考 核 项 目	考 核 要 求	配分	评分
模具闭合高度	符合图样规定的要求	5	
导柱上、下滑动	应平稳、可靠	5	
凸凹模间的间隙	符合图样规定的要求，且分布均匀	10	
定位和挡料装置的相对位置	符合图样要求	10	
卸料和顶件装置的相对位置	符合图样要求，超高量在允用规定范围内，工作面不允许有倾斜或单边偏摆，以保证制件或废料能及时卸下和顺利顶出	10	
紧固件装配	应可靠，螺栓的螺纹旋入长度在钢件连接时应不小于螺栓的直径；铸件连接时应不小于1.5倍螺栓直径；销与每个零件的配合长度应大于1.5倍销直径；螺栓和销的端面不应露出上、下模座等零件的表面	5	
落料孔或出料槽	应畅通无阻，保证制件或废料能自由排出	10	
标准件互换性	应能互换，紧固螺钉和定位销与其孔的配合应正常、良好	5	
模具在压力机上的安装尺寸	需符合选用设备的要求	5	
起吊零件	起吊零件应安全可靠	5	
生产前试验	冲出的制件应符合设计要求	20	
安全、纪律	遵守相关规定	10	

【课题小结】

模具装配完成后，需经检验、试冲、调试，反复试验直到冲出合格的工件为止。试冲后检查制件，如发现间隙不均匀，则需重新拆卸模具，调整间隙后再进行试冲，直到冲出合格的零件时再配打销孔，打入圆柱销固定。装配精度的检验要符合装配图要求，装配图未做明确要求时，应检验以下各项：

1）各零部件之间的相互位置精度。模架上各工作表面的平行度、垂直度；上、下模的相互位置精度；定位销与型腔的相互位置精度。

2）运动部件的相互位置精度。如卸料部件的运动状况及工作稳定性；传动部件的运动精度等。

3）配合精度和接触精度。如模具导向机构的实际配合间隙、运动平稳、配合面接触面积等。

总之，模具装配后是否合格要看冲出的制件尺寸及其精度是否合格。

【想想练练】

想一想：

1. 复合冲裁模是一种多工序模。压力机的一次行程中，在模具的同一位置上，＿＿＿＿

_____ 的模具。

2. 复合模冲出制件的精度及生产率都较高，但模具强度较差，制造难度大，且操作不方便。复合冲裁模分为 _____ 和 _____ 复合模两种。

3. 简述正装式复合模的特点和应用。

 练一练：

简述复合冲裁模的装配方法和步骤。

课题三　多工位级进模的装配

 学习目标

掌握级进模的装配方法与步骤，熟悉级进模的工作原理和结构特点；
能正确阅读零件图和装配图，能按技术要求进行装配、调试多工位级进模。

 友情提示：本课题建议学时为 3 学时

 【知识描述】

级进模（图 3-71）又称为连续模或跳步模，是在压力机一次行程中，在模具不同部位上完成两道或两道以上的冲压工序的冲模。级进模由多个工位组成，各工位按顺序关联完成不同的加工，在压力机的一次行程中完成一系列的不同的冲压加工。一次行程完成以后，由压力机送料机按照一个固定的步距将材料向前移动，这样在一副模具上就可以完成多个工序，一般有冲孔、落料、折弯、切边、拉深等。级进模的缺点是结构复杂、制造精度高、周期长、成本高。

级进模的特点如下：

1）级进模是多任务、多工序冲模，在一副模具内可以包括冲裁、弯曲成形和拉深等多种、多道工序，具有很高的生产率。

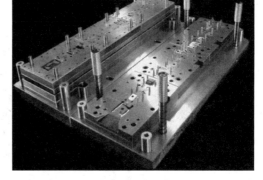

图 3-71　级进模

2）级进模操作安全。

3）易于实现自动化。

4）可以采用高速压力机生产。

5）可以减少压力机和场地面积，减少半成品的运输和仓库占用。

6）尺寸要求极高的零件，不宜使用级进模进行生产。

级进模对零件的基本要求如下：

1）零件尺寸较小。

2）生产批量大。

3）料厚较薄（0.08~2.5mm）。

4）材质较软。

5）形状较复杂。

6）贵重金属不宜（利用率较低）。

7）精度过高不宜（公差等级 IT10 以下）。

通过本课题的学习，要求操作者学会根据图 3-72 中的零件图与排样图，读懂模具装配图（图 3-73），并且学会级进模的装配方法与步骤。

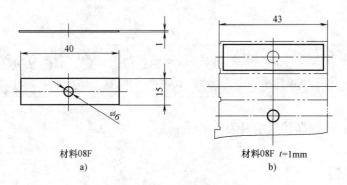

材料08F

a)

材料08F *t*=1mm

b)

图 3-72 零件图与排样图

a）零件图 b）排样图

【课题分析】

零件材质为 08F 钢，材质较软，厚度为 1mm 板料，批量较大，从零件图样可以看到对零件精度要求不高，比较适合级进模。本工序要求零件外形、内孔在一次冲裁中全部成形，模具采用了分步冲裁、弹压卸料结构的级进模。因为级进模是将工件的内孔、外形逐次冲出的，每次冲压都有定位误差，较难稳定保持工件内孔、外形相对位置的一致性，因此，要求装配时兼顾刃口、冲孔、外形之间的相互位置关系。

级进模对步距精度和定位精度要求比较高，装配难度大，对零件的加工精度要求也比较高。因此，凹模、凸模固定板、卸料板型孔需用数控线切割在一次装夹中切出，且三件基准要一致。

【课题准备】

1. 阅读级进冲裁模模具装配图

读懂模具装配图及装配技术要求，明确装配关系。分析确定合理的装配方案及装配后的检测方法，准备好测量工具等。

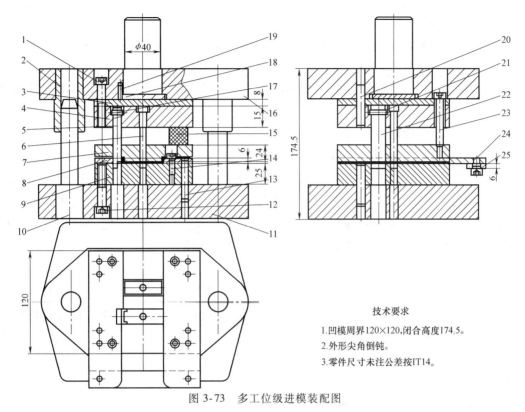

图 3-73 多工位级进模装配图

1、12、14、25—内六角圆柱头螺钉 2—导套 3—垫板 4—凸模固定板 5—侧刃凸模 6—冲孔凸模

7—卸料板 8—侧面导料板 9—凹模型孔板 10—导柱 11—下模板 13、17、19、20、21—圆

柱销 15—橡胶 16—上模板 18—模柄 22—落料凸模 23—拉钉 24—托料板

2. 看懂工作原理

如图 3-73 所示级进模装配图，钢板放在侧面导料板（件号 8）之间，前端顶在左侧导板的台肩处，压力机带动上模架上所有零件向下运动，在橡胶（件号 15）的压力下卸料板（件号 7）先将板料压紧，侧刃将料条左边冲出用以定位的豁口，如图 3-74 所示（图中双点画线为料条位置），同时冲孔凸模将中间 φ6mm 孔冲出。压力机带动上模架上零件抬起，橡胶（件号 15）在弹力的作用下继续将卸料板压在板料条上，冲头从板料条中脱出，卸料板抬起，料条向前，料条上侧刃冲出的台阶卡在左侧导料板（件号 8）的台肩上完成了定位。压力机再次带动上模架及其零件向下运动，卸料板（件号 7）压住钢板，上模继续向下运动，橡胶（件号 15）被压缩，落料凸模、冲

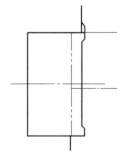

图 3-74 定位豁口

孔凸模、侧刃同时切断钢板，一个完整工件被切出，同时第二个工件 φ6mm 孔、侧边定位也被切出。如此往复不断地切出成形工件。

3. 级进模的装配要求

级进模对步距精度和定位精度要求比较高，装配难度大，对零件的加工精度要求也比较高，因此除要满足一般冲模的要求外，还要特别注意：

（1）连续冲裁模装配精度要点

1）凹模上各型孔的位置尺寸及步距，要求加工、装配准确，否则冲压制件很难达到规定要求。

2）凹模型孔板、凸模固定板和卸料板，三者型孔位置尺寸必须一致，即装配后各组型孔三者的中心线一致。

3）各组凸、凹模的冲裁间隙均匀一致。

（2）装配基准件　级进模应该以凹模为装配基准件。级进模的凹模分为两大类：整体凹模和拼块凹模。整体凹模各型孔的孔径尺寸和型孔位置尺寸在零件加工阶段已经保证。拼块凹模的每一个凹模拼块尺寸虽然在零件加工阶段已经很精确，但是装配成凹模组件后，各型孔的孔径尺寸和型孔位置尺寸不一定符合要求。因此必须在凹模组件上对孔径和孔距尺寸重新检查、修配和调整，并且与各凸模实配和修整。

4. 布置工作场地，准备工具

清理模具装配工作场地，准备装配工、量具及其他相应辅助工具、设备、材料等。为保证文明生产、安全生产，冲模装配场地必须要干净整洁，不允许有杂物。同时要将必须的工具、夹具、量具擦拭干净，摆好备用；将要装配模具的所有零件，包括所有螺钉、销备齐，零件去除毛刺，清洗干净备用。

【知识链接】 级进模的加工

由于凹模型孔板、凸模固定板和卸料板三者型孔位置尺寸必须一致，即装配后各组型孔的中心线一致，所以加工时尽量选用数控机床，如数控车床、数控铣床、数控线切割机床等。

典型零件工艺如下：

1）件号9凹模型孔板如图3-75所示，材料为Cr12MoV，热处理58～62HRC，加工工艺见表3-7。

表3-7　凹模型孔板加工工艺

序号	工艺名称	工 艺 内 容
1	下料	锯床下料
2	锻	锻造至尺寸 130mm×130mm×30mm
3	热处理	退火
4	铣	铣六面至尺寸 121mm×121mm×26mm
5	磨	磨 X、Y、Z 方向基准见光即可，保证底平面和两个侧面相互垂直度误差不大于 0.01mm
6	数控铣	钻所有孔的定位孔，基面留磨量 0.5mm；加工型孔背后落料孔
7	钳	钻型孔的线切割穿丝孔，钻销孔穿丝孔，螺纹底孔，攻螺纹
8	热处理	淬火 58～62HRC
9	磨	磨上、下平面，X、Y 向基面（磨去留量，要兼顾型孔位置），保证底平面和两个侧面相互垂直度误差不大于 0.01mm
10	数控线切割	以基面找正切割；所有型孔达到尺寸，销孔达到尺寸
11	钳	钳工：去毛刺、倒角、抛光、装配（销孔已加工，在调整好间隙钻定位孔时要以凹模销孔为准）

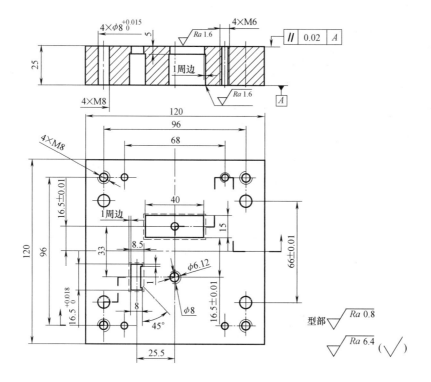

图 3-75 凹模型孔板

2）件号 4 凸模固定板如图 3-76 所示，材料为 45 钢，加工工艺见表 3-8。

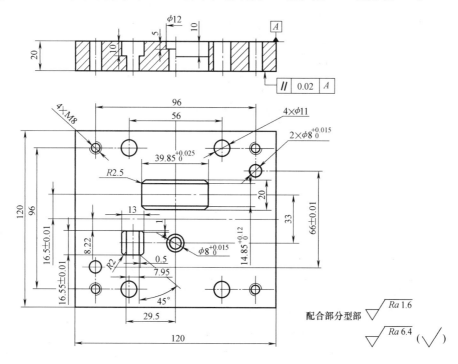

图 3-76 凸模固定板

表 3-8 凸模固定板加工工艺

序号	工艺名称	工 艺 内 容
1	下料	锯床下料至尺寸 130mm×130mm×25mm
2	热处理	调质 25~30HRC
3	铣	铣六面至尺寸 120.5mm×120.5mm×26mm
4	磨	磨上下两平面 X、Y 方向基准,加工到尺寸 120mm×120mm×25mm,保证底平面和两个侧面相互垂直度误差不大于 0.01mm
5	数控铣	钻所有孔的定位孔(销孔不做);加工型孔背后背台线切割落料孔
6	钳	钻型孔的线切割穿丝孔,钻销孔穿丝孔、螺纹底孔,攻螺纹
7	数控线切割	以基面找正切割:所有型孔加工至尺寸
8	钳	钳工:去毛刺、倒角、抛光、装配

3) 件号 7 卸料板如图 3-77 所示,材料为 45 钢,加工工艺见表 3-9。

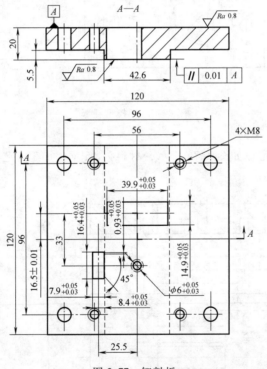

图 3-77 卸料板

表 3-9 卸料板加工工艺

序号	工艺名称	工 艺 内 容
1	下料	锯床下料至尺寸 130mm×130mm×25mm
2	热处理	调质 28~32HRC
3	铣	铣六面至尺寸 120.5mm×120.5mm×26mm
4	磨	磨上下两平面 X、Y 方向基准,加工到尺寸 120mm×120mm×25mm,保证底平面和两个侧面相互垂直度误差不大于 0.01mm

（续）

序号	工艺名称	工 艺 内 容
5	数控铣	铣型部保证 42.6mm、深 5.5mm 尺寸；钻所有孔的定位孔（销孔不做）及型孔穿丝孔；加工型孔背后背台线切割落料孔
6	钳	钻型孔的线切割穿丝孔、螺纹底孔，攻螺纹
7	数控线切割	以基面找正切割；所有型孔加工至尺寸
8	钳	钳工：去毛刺、倒角、抛光、装配

【课题实施】

所有零件加工完毕（型部重要尺寸全部用数控线切割加工），去除毛刺、棱角倒钝，螺纹孔加工完毕，销孔待加工。

1. 装配上模座

1）准备好上模板（件号 16）、导套（件号 2），如图 3-78a 所示。将导套用压入法压入上模板，保证导套垂直上模座上表面，如图 3-78b 所示。

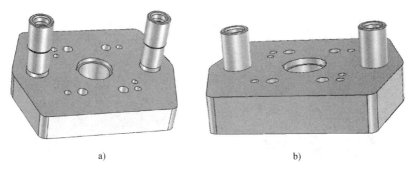

a)　　　　　　　　　　　　　b)

图 3-78　将导套压入上模板

2）组装上模板与模柄（件号 18），配钻、铰销孔，如图 3-79a 所示。打入止转圆柱销（件号 19），如图 3-79b 所示。

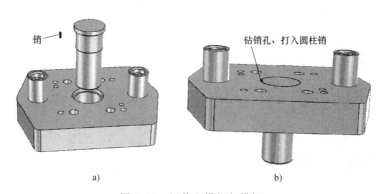

销

钻销孔、打入圆柱销

a)　　　　　　　　　　　　　b)

图 3-79　组装上模板与模柄

2. 组装下模架部分

1）准备好下模板（件号 11）、凹模型孔板（件号 9）、内六角圆柱头螺钉（件号 12），如图 3-80a 所示。安装凹模时，以两导柱孔为基准，可在导柱孔插上圆柱销，用一块垫铁靠在两圆柱销上，使凹模的基准边与垫铁平行，如图 3-80b 所示。把下模板上的螺钉孔与凹模上的螺钉孔对正，拧紧螺钉，如图 3-80c 所示。

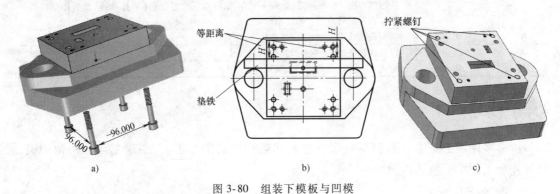

图 3-80　组装下模板与凹模

2）以凹模已切好的销孔配钻、铰下模板上的四个销孔，如图3-81a所示。在对角打入两个圆柱销定位，如图 3-81b 所示。

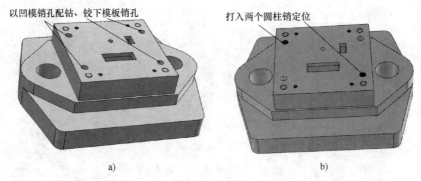

图 3-81　铰销孔

3）准备好下模板（件号 11）、导柱（件号 10），如图 3-82a 所示。将导柱用压入法压入下模板，检查导柱与下模板的垂直度，如图 3-82b 所示。

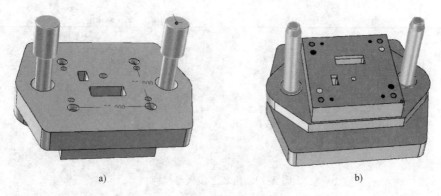

图 3-82　将导柱压入下模板

4）上、下模架合模后，使其上下运动，观察其运动稳定性，有无卡滞现象，并测量上、下模板的平行度，如图 3-83a、b 所示。

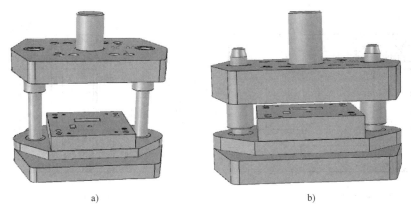

图 3-83 合模

3. 组装上模部分

1）将侧刃凸模（件号 5）、落料凸模（件号 22）打入固定销，如图 3-84a、b 所示。

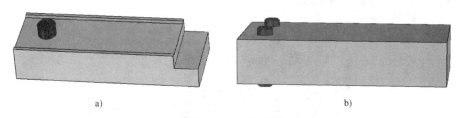

图 3-84 打入固定销

2）将凸模固定板（件号 4）备好，如图 3-85a 所示。依次将落料、冲孔、侧刃凸模压入固定板，如图 3-85b 所示。

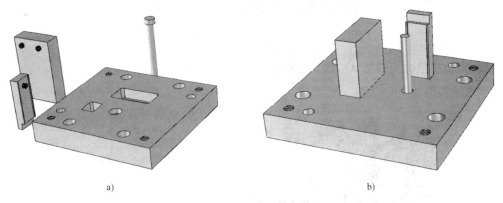

图 3-85 组装上模部分

压入时，先压入落料凸模，再以已压入的落料凸模为基准，并垫上等高垫块，插入凹模型孔，调整好间隙，同时将冲孔凸模以凹模型孔定位进行压入，如图 3-86a 所示。用同样的方法压入侧刃凸模，压入时要边检查凸模垂直度边压入。复查凸模与固定板的垂直度，凸模与凹模型孔配合状态以及固定板和凹模的平行度。最后磨削凸模组件上、下端面，如图 3-86b 所示。

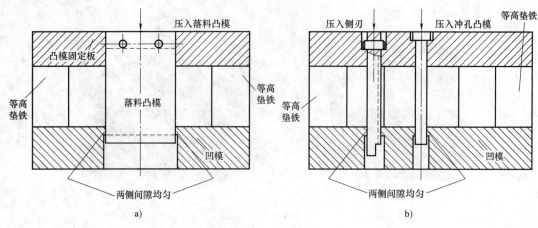

图 3-86　压入方法

3）将带固定板的凸模放在凹模内，凹模与固定板之间放上等高垫铁，调整好间隙，如图 3-87 所示。可用塞尺测量间隙。

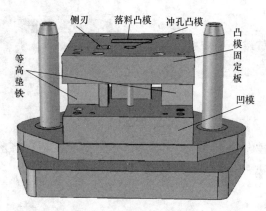

图 3-87　将凸模放入凹模内

4）将凸模垫板（件号 3）放在凸模固定板之上，如图 3-88a 所示。放上上模架，螺钉孔对正，如图 3-88b 所示。

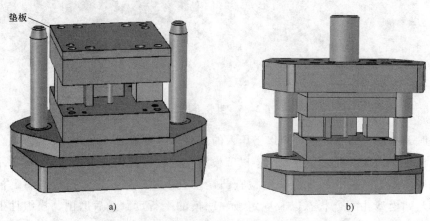

图 3-88　放上上模架

5）将凸模固定板、垫板、上模座用内六角圆柱头螺钉紧固，如图3-89a、b所示。

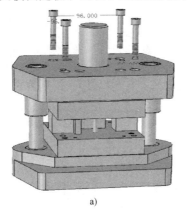
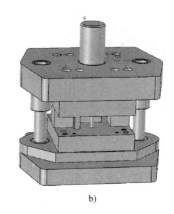

a)　　　　　　　　　　　　　　　b)

图3-89　用螺钉紧固

6）将上、下模分开，上模翻转，如图3-90a所示。放上橡胶，如图3-90b所示。

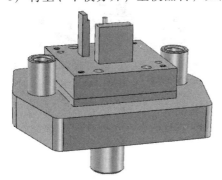
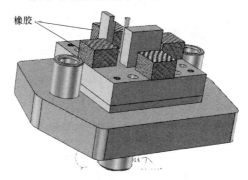

图3-90　上、下模分开

7）装上卸料板，如图3-91a所示。拧上拉钉，如图3-91b所示。

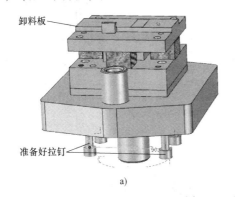
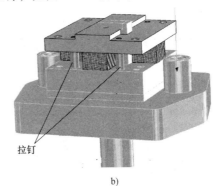

a)　　　　　　　　　　　　　　　b)

图3-91　装上卸料板

4. 组装下模其他部分

1）摆放正下模部分，准备好螺钉，如图3-92a所示。安装侧导板时，先用卡尺测量两端的尺寸保持一致后拧紧螺钉，如图3-92b所示。

2）准备好托料板（件号24）螺钉，如图3-93a所示。将托板安装好，如图3-93b所示。

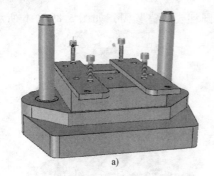 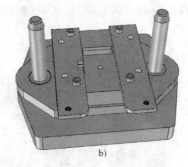

图 3-92　装上侧导板

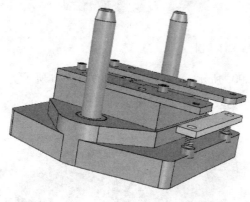 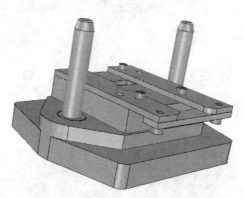

图 3-93　装上托料板

3）合模：将上模部分与下模部分再次合拢，试切与料厚等厚的纸片，查看测量间隙，没有问题时再试切工件，如图 3-94 所示。

5. 试模

1）试切工件、测量尺寸，调整模具直到合适为止。

2）将上模部分（上模板、垫板、固定板）配钻、铰定位销孔，如图 3-95a 所示。压入定位销定位，如图 3-95b 所示。

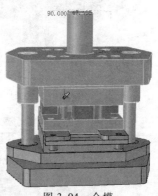

图 3-94　合模

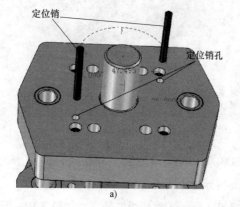 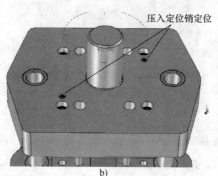

图 3-95　上模部分压入定位销

3）将下模部分配钻、铰下模定位销孔后，压入定位销定位，如图3-96a、b所示。

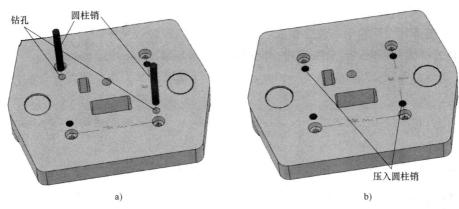

a)   b)

图 3-96 下模部分压入定位销

6. 在模具侧面刻字，合模

【课题解析及评价】

【课题考核】（表 3-10）

表 3-10 课题考核

考核项目	考核要求	配分	评分
模具闭合高度	符合图样规定的要求	5	
导柱上、下滑动	应平稳、可靠	5	
凸凹模间的间隙	符合图样规定的要求，且分布均匀	10	
定位和挡料装置的相对位置	符合图样要求	10	
卸料和顶件装置的相对位置	符合图样要求，超高量在允用规定范围内，工作面不允许有倾斜或单边偏摆，以保证制件或废料能及时卸下和顺利顶出	10	
紧固件装配	应可靠；螺栓的螺纹旋入长度在钢件连接时应不小于螺栓的直径；铸件连接时应不小于 1.5 倍螺栓直径；销与每个零件的配合长度应大于 1.5 倍销直径；螺栓和销的端面不应露出上、下模座等零件的表面	5	
落料孔或出料槽	应畅通无阻，保证制件或废料能自由排出	10	
标准件互换性	应能互换，紧固螺钉和定位销与其孔的配合应正常、良好	5	
模具在压力机上的安装尺寸	需符合选用设备的要求	5	
起吊零件	起吊零件应安全可靠	5	
生产前试验	冲出的制件应符合设计要求	20	
安全、纪律	遵守相关规定	10	

【课题小结】

级进模装配完成后，需经检验、试冲、调试，反复试验直到冲出合格的工件为止。试冲后检查制件，如发现间隙不均匀则需重新拆卸模具，调整间隙后再进行试冲，直到冲出合格的零件时再配打销孔，打入圆柱销固定。装配精度要符合装配要求，装配图未做明确要求时应检验以下各项：

1）各零部件之间的相互位置精度。模架上各工作表面的平行度、垂直度；上、下模的相互位置精度；定位销与型腔的相互位置精度。

2）运动部件的相互位置精度。如卸料部件的运动状况及工作稳定性；传动部件的运动精度等。

3）配合精度和接触精度。如模具导向机构的实际配合间隙、运动平稳、配合面接触面积等。

总之，级进模装配后是否合格要看冲出的制件尺寸及其精度是否合格。

 【想想练练】

 想一想：

1. 级进模又称＿＿＿＿＿＿＿＿＿，是在压力机一次行程中，在模具＿＿＿＿＿的冲模。

2. 级进模是由多个＿＿＿＿＿组成，各＿＿＿＿＿按顺序关联完成不同的加工，在压力机的一次行程中完成一系列的不同的冲压加工。在一副模具上就可以完成多个工序，一般有＿＿＿、＿＿＿＿＿＿、＿＿＿、切边、拉伸等。

3. 简述级进模结构特点和应用。

 练一练：

简述级进模的装配方法和步骤。

课题四　弯曲模的拆装

 学习目标

掌握弯曲模的装配方法与步骤，熟悉弯曲模的工作原理和结构特点；能正确阅读零件图和装配图，能按装配图和技术要求进行装配、调试弯曲模；理解如何调整回弹角度。

 友情提示：本课题建议学时为 3 学时

 【知识描述】

弯曲模是将板料、型材或管材等弯曲成一定曲率、一定角度，而形成一定形状制件的冲压方法，属于成形工序。根据所弯曲的原材料的形状、设备和工具的不同，可将其分为

普通压力机和压弯机上的压弯、滚弯机上的滚弯、卷弯机上的卷弯等。在这些弯曲方法中最为灵活方便且应用最广的是利用模具在普通压力机上对板料的弯曲。

本课题以对薄钢板压弯角度150°的模具为例进行学习。图3-97a为该零件展开图，图3-97b为弯板零件。要求零件一次成形。

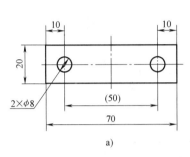
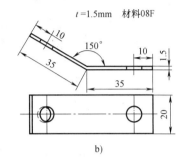

图 3-97　弯板零件及展开图

a）零件展开图　b）零件图

【课题准备】

由图3-97b可以看出，零件弯曲变形的角度较小，深度较浅，因此可以在一次冲压中压出所要的形状。零件头部为尖角，即 $r = 0$，因此模具设计未考虑回弹问题。但在试冲时有可能产生回弹现象，我们在后面会讲到如何减少回弹。本模具工作原理较为简单，如图3-98所示，料片放在凹模上口，靠两边的刀形定位板定位，凸模向下压向料片，料片在凸模的作用下向下运动，同时两端翘起直到凸模、料片、凹模相互贴紧即完成了一次冲压工作。

1. 读懂装配图，明确装配要求

1）零件在装配前必须清理和清洗干净，不得有毛刺、飞边、氧化皮、锈蚀、切屑、油污、着色剂和灰尘等。装配过程中零件不允许磕、碰和划伤。

2）要求装配后凸、凹模贴合，间隙均匀一致。

3）要求压力的中心应与模柄中心重合，定位板的安装应与凸、凹模保持平行一致，以达到保证工件的精度要求。如不一致会造成冲压过程中两端料片翘起受阻，使工件变形。

4）模具装配后沿导柱上下移动应平稳无卡滞现象，导柱、导套配合精度应符合国家标准规定，且间隙均匀。

2. 任务准备

布置工作场地，准备工具，清理模具装配工作场地，准备装配工、量具及其他相应辅助工具、设备、材料等。冲模装配场地必须要干净整洁不允许有杂物以保证文明安全生产。同时要将必须的工具、夹具、量具擦拭干净、摆好备用，将要装配模具的所有零件包括所有螺钉、销备齐，零件去除毛刺，清洗干净备用。

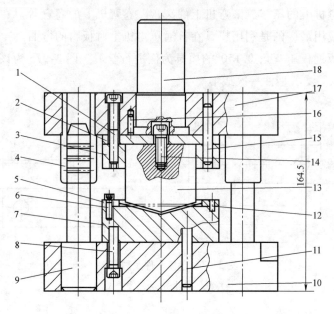

图 3-98　150°压弯模装配图

1、6、8、14—内六角圆柱头螺钉　2—凸模垫板　3—凸模固定板　4—导套　5—定位板　7—凹模

9—导柱　10—下模座　11、12、15、16—圆柱销　13—凸模　17—上模座　18—模柄

【知识链接】　如何减小回弹

常温下的塑性弯曲和其他塑性变形一样，在外力作用下产生的总变形由塑性变形和弹性变形两部分组成。当弯曲结束、外力去除后，塑性变形留存下来，而弹性变形则完全消失。弯曲变形区外侧因弹性恢复而缩短，内侧因弹性恢复而伸长，产生了弯曲件的弯曲角度和弯曲半径与模具相应尺寸不一致的现象，这种现象称为弯曲件的弹性回跳，简称回弹。回弹是弯曲成形时常见的现象，但也是弯曲件生产中不易解决的一个棘手问题。

1. 选择较小的相对弯曲半径

r/t 值小，表明零件变形程度大。如图 3-99 所示，一般在 $r/t \leqslant 3 \sim 5$ 时，认为板料的弯曲区已全部进入塑性状态。较小的弯曲半径对减少回弹有利，但过小的弯曲半径会使弯曲区破裂。目前给出的材料最小弯曲半径主要是经验数据，可作为钣金设计者设计工件弯曲半径的参考依据。

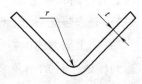

图 3-99　相对弯曲半径

2. 选择需要的模具间隙

V 形弯曲其间隙值是靠高速机床来实现的，与模具本身无关。而 U 形弯曲，其回弹随凹模开口深度增大而减少，随模具间隙减小而回弹量减小。若弯曲精度较高的工件，可以取弯曲单边间隙值 $Z = t$；若需要更高的弯曲精度，可以采用带有稍许变薄的弯曲，对减少回弹更有用。因为零间隙或负间隙弯曲，可以改变板料的应力状态，使其由普通的弯曲转化为具有拉弯性质的弯曲，使坯料的中性层内侧处于压应力状态，而坯料整个截面在切向

均处于拉应力状态，卸载后内外侧纤维回弹相互抵消，可减小回弹。所以采用拉弯工艺及可调间隙的模具，对控制回弹是很有好处的。

3. 设计合理的工件形状

U 形弯曲件比 V 形件回弹量小。因拉弯工件形状复杂，各部分间相互牵扯，回弹困难，所以拉弯型工艺回弹量比 U 型弯曲件小。若在弯曲处压制出适宜的加强筋，则回弹量更小。因此对弯曲件进行翻边或叠边处理，既可以提高刚度，又能减小回弹。

4. 采用合适的组织状态

冷作硬化后的材料，弯曲回弹量大。对精度要求高的弯曲件，其坯料有冷作硬化时，应先对其进行退火处理，再进行弯曲。在加工条件允许的情况下，应对较厚坯料的工件采用加热弯曲消除回弹。

5. 采用校正弯曲公式

校正弯曲回弹角度明显小于自由弯曲，且校正力越大，回弹越小，这是因为校正弯曲力将使冲压力集中在弯曲变形区，迫使金属内层金属受挤压。板材被校正后，内外层纤维都被拉伸长，卸载后都要缩短。由于内外层的回弹趋势相反，回弹量将减小，从而达到克服或减少回弹的目的。故校正弯曲

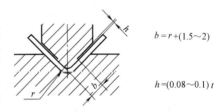

$$b = r + (1.5 \sim 2)$$

$$h = (0.08 \sim 0.1)\, t$$

图 3-100 校正弯曲公式

是与拉弯性质相似的一种弯曲方式，其应用范围显得更大一些。一般校正弯曲凸模多采用图 3-100 所示的形状。如果模具产生回弹也可参照图 3-100 进行校正弯曲。

 【课题实施】

弯曲模一般采用配作装配法，但在数控机床、数控线切割、数控电火花成形机床普遍使用的情况下，使用这些机床加工出的工件精度更高，装配更加简单、容易。装配操作步骤如下，装配图如图 3-98 所示。

1. 组装上模架（清洗、检验、加润滑油）

将主要零件如模架、模柄、凸模等进行组装。

1）将模柄（件号 18）安在上模座（件号 17）上，应保证模柄部位垂直于顶板的上

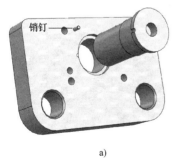

a)

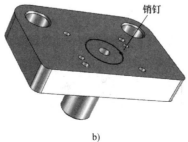

b)

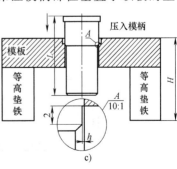

c)

图 3-101 打入防转圆柱销，压入模柄

平面。打入防转圆柱销（件号16），如图3-101a、b所示。

压入方法：将上模板用两块等高垫铁支起，如图3-101c所示，垫铁与模板厚度之和 H 要大于模柄的长度 L。模柄与模板配合部分预先做一工艺台阶，如图3-101c之中的放大图所示，台阶长2mm，其直径比模板孔小 $0.01 \sim 0.02$mm，作为刃口插入孔中，可增加模柄压入时的稳定性。

检查并保证其垂直度。

2）组装导套。导套（件号4）压入上模板（件号17），如图3-102a所示。如没有液压机的情况下，用铜棒砸入会使带孔零件产生变形（孔壁较薄）。压入方法如图3-102b所示，要预先做好刃口，使其固定。用六角螺栓穿过卡板、模板、导套，上面拧紧六角螺母，卡板底部带一与六角螺栓头部平行边等宽的槽，卡住其头部使其不得转动（或另加扳手防转），拧紧上面螺母向下运动，即可把导套压入模板。

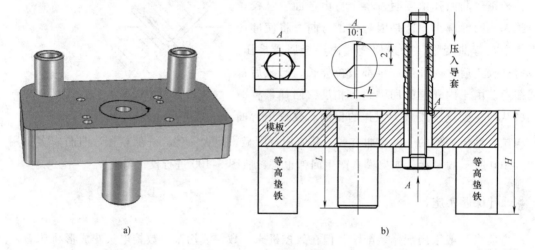

图3-102 组装导套

2. 组装下模

1）如图3-103a所示，把凹模放在下模座板上，将两导柱孔插上销（可用同等直径刀柄代替），垫铁靠在销上，凹模基准边与垫铁距离相等，对准螺孔后拧紧螺钉，如图3-103b、c所示。

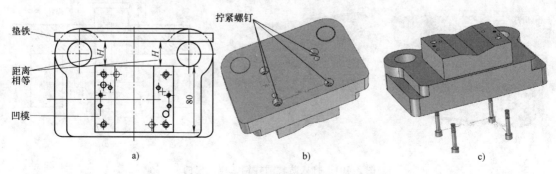

图3-103 组装下模

2）由于凹模销孔已加工，所以要以凹模销孔为准配钻、铰底板上销孔，如图 3-104a 所示。打入销，如图 3-104b 所示。

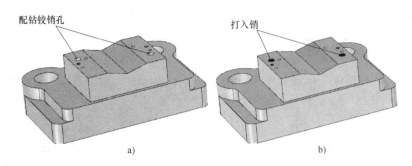

图 3-104　配钻铰销孔

3）采用压入装配法将导柱（件号 9）压入下模座（件号 10），如图 3-105a 所示。并检验其对模板底面的垂直度，如图 3-105b 所示。

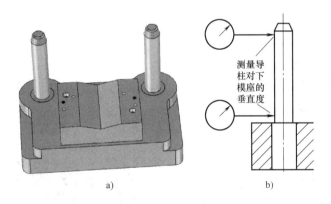

图 3-105　将导柱压入下模座

3. 将上、下模合模

导柱、导套之间滑动要平稳、无阻滞现象，并且上、下模板之间应平行。如图 3-106a、b 所示。

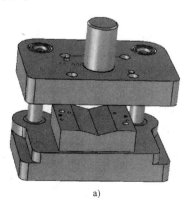
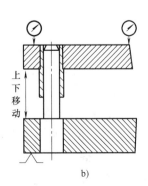

图 3-106　合模

4. 组装凸模

将凸模（件号 13）压入凸模固定板（件号 3），并保证凸模与其凸模固定板垂直，如图 3-107a 所示。装配后应磨平凸模底面，如图 3-107b 所示。

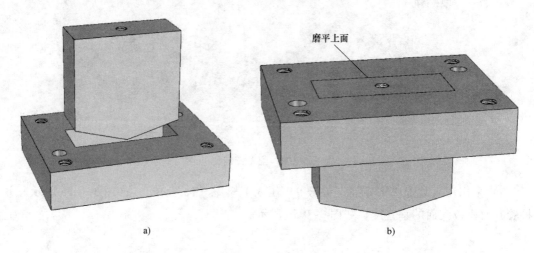

磨平上面

a)   b)

图 3-107   组装凸模

5. 组装下模部分其余零件

将定位板（件号 5）装在凹模（件号 7）上，如图 3-108a 所示，保证左右两定位板前定位面在水平面上的投影应在同一直线上，并与凹模轴线垂直，拧上螺钉（件号 6），如图 3-108b 所示。

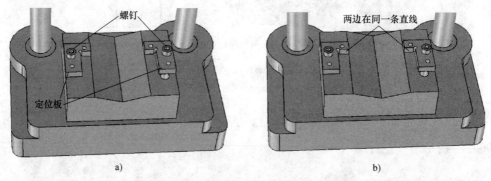

螺钉   两边在同一条直线

定位板

a)   b)

图 3-108   将定位板装在凹模上

6. 总装配

1）将组装好的下模部分放正，将凸模（件号 13）及凸模固定板（件号 3）放在凹模型面上，前面与定位板的前定位面贴紧。查看定位板是否摆正，如不正可松开上面螺钉，轻敲定位板进行调整，如图 3-109a 所示。放上凸模垫板，如图 3-109b 所示。

2）放上上模架，调整好位置与间隙，如位置不正或间隙不均匀可用铜棒敲打凸模固定板进行调整，待调整完成后拧紧内六角圆柱头螺钉（件号 1），如图 3-110a、b 所示。

3）试模。将装好的模具进行试冲压，检查工件尺寸是否合格，冲制过程有无问题，如有问题应立即进行调整，待制件完全合格后，分别打入上模定位销（件号 15），如图

3-111a、b 所示。

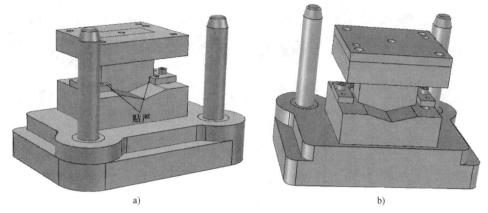

a)

b)

图 3-109 装凸模及凸模固定板

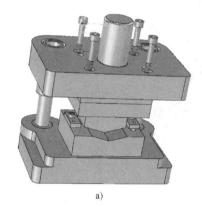

a)

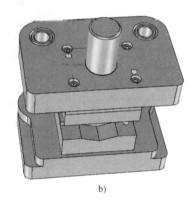

b)

图 3-110 装上模架

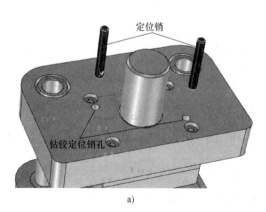

a)

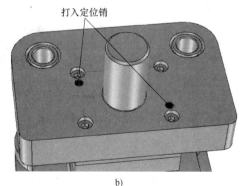

b)

图 3-111 试模

4）拆掉上模部分，再拆掉下模座，以凹模为基准配钻、铰（凹模、定位板）定位板销孔，如图 3-112a 所示，打入定位销（件号 12），如图 3-112b、c 所示。

5）重新组装模具，如图 3-113 所示。

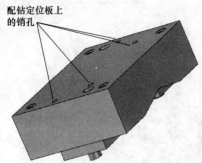
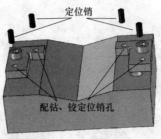
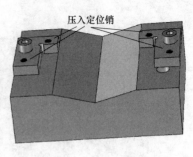

配钻定位板上的销孔

定位销

压入定位销

配钻、铰定位销孔

图 3-112　拆上模及下模座

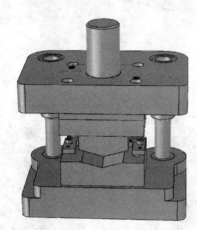

图 3-113　重新组装模具

【课题解析及评价】

【课题考核】（表 3-11）

表 3-11　课题考核

考 核 项 目	考 核 要 求	配分	评分
模具闭合高度	符合图样规定的要求	5	
导柱上、下滑动	应平稳、可靠	5	
凸凹模间的间隙	符合图样规定的要求,且分布均匀	10	
定位和挡料装置的相对位置	符合图样要求	10	
卸料和顶件装置的相对位置	符合图样要求,超高量在允用规定范围内,工作面不允许有倾斜或单边偏摆,以保证制件或废料能及时卸下和顺利顶出	10	
紧固件装配	应可靠,螺栓的螺纹旋入长度在钢件连接时应不小于螺栓的直径,钢件连接时应不小于 1.5 倍螺栓直径;销与每个零件的配合长度应大于 1.5 倍销直径;螺栓和销的端面不应露出上、下模座等零件的表面	5	
落料孔或出料槽	应畅通无阻,保证制件或废料能自由排出	10	

（续）

考 核 项 目	考 核 要 求	配分	评分
标准件互换性	应能互换,紧固螺钉和定位销与其孔的配合应正常、良好	5	
模具在压力机上的安装尺寸	需符合选用设备的要求	5	
起吊零件	起吊零件应安全可靠	5	
生产前试验	冲出的制件应符合设计要求	20	
安全、纪律	遵守相关规定	10	

【课题小结】

弯曲模装配完成后，需经检验、试冲、调试，反复试验直到冲出合格的工件为止。试冲后检查制件，如发现间隙不均匀则需重新拆卸模具，调整间隙后再进行试冲，直到冲出合格的零件时再配打销孔，打入圆柱销固定。装配精度要符合装配要求，装配图未做明确要求时应检验以下各项：

1）各零部件之间的相互位置精度。模架上各工作表面的平行度、垂直度；上、下模的相互位置精度；定位销与型腔的相互位置精度。

2）运动部件的相互位置精度。如卸料部件的运动状况及工作稳定性；传动部件的运动精度等。

3）配合精度和接触精度。如模具导向机构的实际配合间隙、运动平稳、配合面接触面积等。总之，弯曲模装配后是否合格要看冲出的制件尺寸及其精度是否合格。

 【想想练练】

 想一想：

1. 弯曲模是将____、_____或_____等弯曲成一定曲率、一定角度，而形成一定形状制件的冲压方法，属_____工序。

2. 根据所弯曲的原材料的形状、设备和工具不同可将其分为_____机和_____机上的压弯、_____机上的滚弯、_____机上的卷弯等。在这些弯曲方法中最为灵活方便而应用最广的是利用模具在普通压力机上对板料的弯曲。

 练一练：

简述弯曲模的装配方法与步骤。

课题五　拉深模的装配

 学习目标

掌握拉深模的装配方法与步骤，熟悉拉深模的工作原理和结构特点；能正确阅读零件图和装配图，能按技术要求装配、调试拉深模。

友情提示：本课题建议学时为 3 学时

 【知识描述】

拉深模是把板料毛坯制成开口空心件，或使空心件进一步改变形状和尺寸的模具。拉深模具（drawing dies）是一种要求较高的模具，因为大部分拉深模具都不是纯拉深，还包含有成形、弯曲、翻边、冲裁等。在控制模具间隙和位置精度的同时还要考虑零件材料的性质、回弹和产品的形状，以及拉深的次数和深度等。因为拉深模不仅在设计时要考虑许多因素，更主要的是在试模时往往不能一次成形，要经过多次修模，才能达到理想的结果。

拉深的分类：按对材料的处理分为变薄拉深和变厚拉深；按操作的工序可分为一次拉深和多次拉深。本学习是通过对冲制端盖零件（图 3-114）中的一道拉深工序的学习，使操作者了解拉深模的工作原理、读懂拉深模具装配图（图 3-115）、学会拉深模的装配方法与步骤。

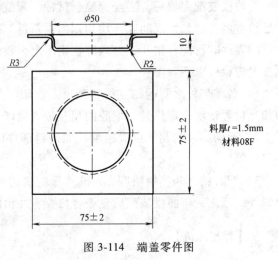

图 3-114 端盖零件图

 【课题分析】

拉深用冷轧薄钢板主要有 08Al、08、08F、10、15、20 钢，其中用量最大的是 08 钢。08 钢又分为沸腾钢和镇静钢，沸腾钢价格低，表面质量好，但偏析较严重，有应变时效倾向，不适用于冲压性能要求高、外观要求较严格的零件。此类零件用镇静钢较好。镇静钢性能均匀但价格较高，代表牌号为铝镇静钢 08Al。

应变时效：当退火状态的低碳钢试样拉深到超过屈服强度发生少量塑性变形后卸载，然后立即重新加载拉深，可见其拉深曲线不再出现屈服强度，此时试样不会发生屈服现象。如果将预变性试样在常温下放置几天或经 100~300℃ 短时加热后再行拉深，则屈服现象又出现，且屈服应力进一步提高。其常温冲击功值及塑性下降而硬度提高的现象，主要是塑性变形后晶格出现了滑移层而扭曲，对固溶合金元素的溶解能力下降，呈现出饱和或过饱和状态，必然促使被溶物质扩散及析出，这就引起了钢材性能的变化。在加热状态下原子活力增加，促使固溶体内过饱和物质加速析出，也引起应变时效。应变时效主要发生在低碳钢中，钢中氧、氮、锰、铜会显著提高应变时效倾向，镍可降低该倾向。

模具采用了图 3-115 所示倒装式、弹压卸料结构。倒装式模具凹模在上模。倒装式模具工作中操作方便，所以被广泛采用。冲压的零件材料要求 08F，零件形状简单，深度较

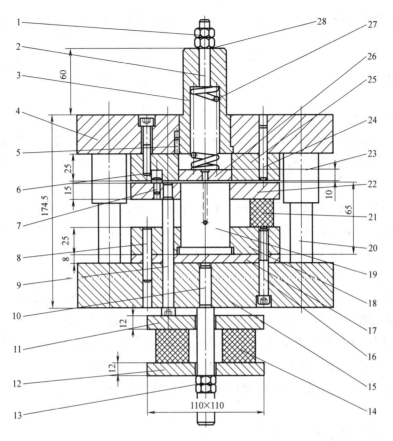

图 3-115 壳体拉深模装配图

1、13—六角螺母　2—打杆　3—模柄　4—上模座　7—定位钉　9—限位钉　10—拉杆　11、12—托板　14、21—橡胶　15—下模座　17—凸模垫板　18—凸模固定板　19—凸模　20—导柱　22—托料板　23—导套　25—凹模　26—打板　5、8、24—圆柱销　6、13、16—内六角圆柱头螺钉　27—弹簧　28—垫圈

浅，总高只有 10mm，材料厚度 1.5mm，实际拉深深度 7.5mm。因此只需一次拉深即可全部成形，可以避免应变时效的产生。一般情况下材料是在压紧状态下进行冲裁的，冲件的工件表面平整，适用于厚度较薄的中、小工件冲裁。模具采用了上、下双层橡胶有效地缩短了凸、凹模之间的距离，使模具运动更加平稳，进而使工件精度得到进一步保障。凸模中间设置了排气孔，避免在冲压时由于间隙过小凸模被包裹过严，气体无法排除造成的拉深件的缺陷。

读懂装配图，明确装配要求：

1）零件在装配前必须清理和清洗干净，不得有毛刺、飞边、氧化皮、锈蚀、切屑、油污、着色剂和灰尘等。装配过程中零件不允许磕碰、划伤和锈蚀。

2）拉深模具间隙均匀非常重要，间隙均匀可有效避免壁厚不均的现象出现。

3）推杆机构推力的中心应与模柄中心重合，打板工作中不得歪斜，以防工件无法推出，下模中设置的双层橡胶顶出机构应有足够的弹性，并保持工作平稳，保证工件的精度要求。

4）模具装配后沿导柱上下移动应平稳、无卡滞现象，导柱、导套配合精度应符合国家标准规定。

 【课题准备】

1. 读拉深模装配图

读懂模具装配图及装配技术要求，明确装配关系。分析确定合理的装配方案及装配后的检测方法，准备好测量工具等。

2. 看懂工作原理

如图 3-115 所示壳体拉深模装配图，钢板放在托料板（件号 22）上，压力机带动上模架上所有零件向下运动，拉深凹模（件号 25）压住钢板，打板（件号 26）在弹簧（件号 27）的作用下同时压住钢板。上模继续向下运动，托料板（件号 22）向下，带动限位钉（件号 9）向下，顶住托板（件号 11）一同向下，在拉杆（件号 10）的限制下托板（件号 12）不动，橡胶（件号 14、件号 21）被压缩。同时凸模（件号 19）压向钢板并使钢板变形后一同进入凹模（件号 25），同时打板（件号 26）被顶起带动打杆（件号 2）向上运动，弹簧（件号 27）被压缩完成成形拉深。上模部分向上运动脱离开下模部分，凸模（件号 19）从凹模（件号 25）中脱出，打板（件号 26）在弹簧（件号 27）作用下把工件推出。托料板被橡胶的弹力推动将冲好的制件脱开凸模。模具在压力机带动下完成一次工作。

3. 冲模装配的技术要求和特点

在保证冲模各个零件尺寸精度、几何公差达到要求外，还要求装配时满足装配要求才能冲出符合图样要求的制件。模具的装配要求包括模具外观、模具在机床上的安装尺寸和总体装配精度和要求。

1）模具外观要平整，尖角要倒钝，安装面要平整光滑不得有毛刺及击伤痕迹。螺钉、销不能高于安装基面。

2）模具的闭合高度及安装尺寸应与压力机的各相应尺寸匹配。

3）装配后的模具应刻有模具编号和零件名称等。

4）大、中型模具应有吊装孔。

4. 模具总体装配要求

1）冲模装配后必须保证模具各零件间的相对位置精度。

2）模具装配后凸凹模间隙要均匀且须符合图样要求，模具运动部位（导柱、导套、顶出部件等）活动位置要准确，运动要平稳可靠、无卡滞现象。

3）模具装配的紧固件不得松动脱落。

4）装配后模具上下两平面应平行，平行度误差应小于 0.01mm/（100~150）mm。

5）装配后凸模部分侧面应与安装基面垂直，垂直度误差应小于 0.01mm/100mm。

6）模柄装配后要与上模座上平面垂直度误差应小于 0.05mm。

7）出件应畅通无阻。

8）装配后的冲模应符合除以上要求外的其他技术要求。

5. 布置工作场地、准备工具

清理模具装配工作场地，准备装配工具、量具及其他相应辅助工具、设备、材料等。冲模装配场地必须要干净整洁、不允许有杂物。同时要将必须的工具、夹具、量具擦拭干净、摆好备用。将要装配模具的所有零件包括所有螺钉、销备齐，零件去除毛刺，清洗干净备用。

 【知识链接】　模具的抛光

机械加工后零件表面会留有刀痕，放电加工后表面会有瞬间高热后的氧化皮等电加工痕迹，这些痕迹若不去除，在冲压零件后会直接印在工件边缘或表面上，因此成形加工后的表面抛光很重要，其主要目的是降低模具成形零件的表面粗糙度值。现有的抛光方法有很多，如：机械抛光、化学抛光、电解抛光、超声波抛光、流体抛光、磁研磨抛光、电火花超声复合抛光等。下面主要介绍机械抛光。

（1）抛光前对零件的要求

1）抛光的模具成形件的表面粗糙度值在 $Ra3 \sim 1.6\mu m$。

2）抛光前留余量 0.1mm 左右。

（2）抛光用的工具材料见表 3-12。

表 3-12　抛光用的工具材料

工具	砂纸、油石、绒毡轮、锉刀（整形锉）、钻石磨针、纤维、圆转动（风动或电动）打磨机、油石等
抛光剂	金刚砂、研磨膏等
抛光液	煤油、润滑油、汽油、工业用甘油、汽轮机油、熟猪油等

（3）用砂纸打磨和油石研磨模具时应注意的事项

1）对于硬度较高的模具，表面只能用清洁并且软的油石打磨工具。

2）在打磨中转换砂号级别时，工件和操作者的双手必须清洗干净，避免将粗砂粒带到下一级较细的打磨操作中。

3）在进行每一道打磨工序时，砂纸应从不同的45°方向去打磨，直至消除上一级的砂纹为止。当上一级的砂纹清除后，必须再延长 25% 的打磨时间，然后才可转换下一道更细的砂号。

4）打磨时需变换不同的方向以避免工件产生波纹度误差等造成工件表面高低不平，最终的抛光纹路应与出模方向一致。

5）抛光时易引起棱边塌角，操作时应引起注意，尤其是抛光刃口时不可把刃口倒钝。

 【课题实施】

随着数控机床、数控电火花成形机床、数控线切割越来越普遍，模具零件主要由以上两种机床加工成形，有效地保证了尺寸、形状、位置的要求。

拉深模一般采用配作装配法。装配操作步骤如下，装配图如图3-115所示。

（1）组件装配（清洗、检验、加润滑油）　将主要零件如模架、模柄、凸模等进行组装。

1）将模柄（件号3）装入上模座（件号4），如图3-116a所示。确认模柄与模座端面垂直后打止转销孔，装入止转销（件号5），如图3-116b所示。

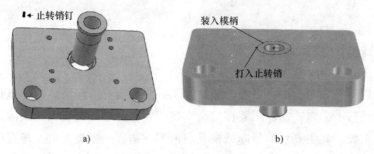

图3-116　将模柄装入上模座

2）将凹模（件号25）放在上模座（件号4）上，找正后拧紧螺钉（件号6）。方法如下：把凹模放在上模座上，上模座下面用两等高垫铁垫起，也可先装凹模后再装模柄，将两导柱孔插入销（可用同等直径刀柄代替），用一块垫铁靠在销上，凹模基准边与垫铁距离相等，如图3-117a所示，对准螺孔后拧紧螺钉，如图3-117b所示。以凹模上已做好的销孔为基准配钻、铰上模板上的销孔，打入定位销，如图3-117c所示。

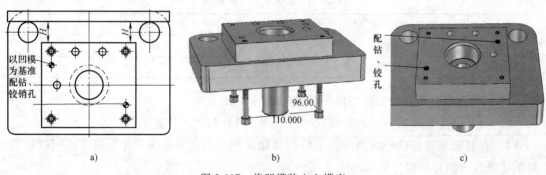

图3-117　将凹模装入上模座

3）采用压入装配法将导套（件号23）压入上模座（件号4），保证导套与上模座垂直，如图3-118所示。

4）将导柱（件号20）压入下模座（件号15），保证导柱与下模座底面垂直，如图3-119所示。

5）合模：将上、下模架装配，导柱、导套之间滑动要平稳、无阻滞现象，并且上、下模板之间应平行，如图3-120所示。

（2）组装凸模与固定板　将凸模（件号19）压入凸模固定板（件号18），并保证凸模与其固定板垂直。装配后应磨平底面，如图3-121所示。

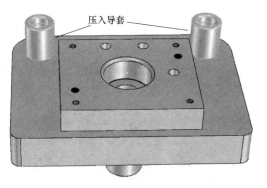

图 3-118 将导套压入下模座

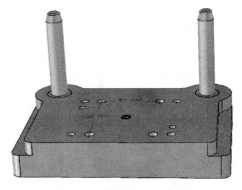

图 3-119 将导柱压入下模座

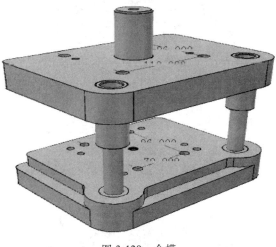

图 3-120 合模

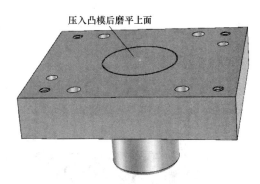

图 3-121 将凸模压入凸模固定板

（3）组装下模

1）将上模翻转，将压入固定板的凸模放在凹模内，在四个方向放入等直径铅丝或等厚垫片以固定凸模。方法如图 3-122a 所示。装好后如图 3-122b 所示。

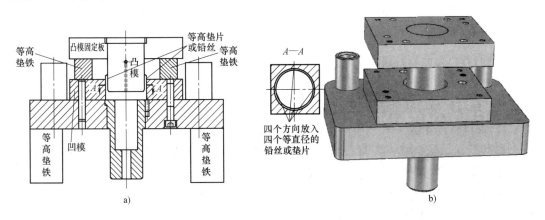

图 3-122 将凸模放在凹模内

2）在凸模固定板上放上凸模垫板，放入下模架，如图 3-123a 所示。再次检查、调整好位置，拧紧螺钉，如图 3-123b 所示。

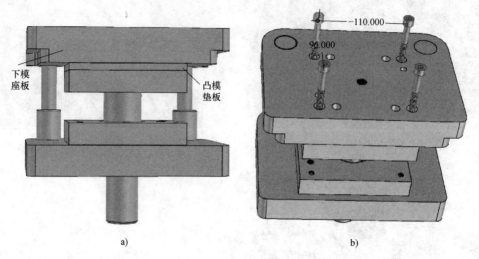

图 3-123　放入下模架

（4）总装配

1）将上、下模分开，如图 3-124a、b 所示。

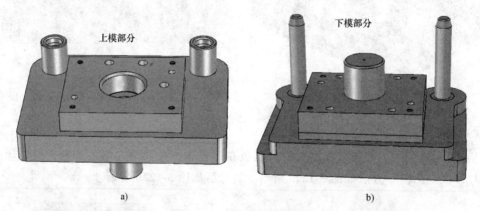

图 3-124　将上、下模分开

2）上模装入弹簧（件号 27）、打板（件号 26），如图 3-125a、b 所示。

3）将打杆从模柄上面拧入打板，如图 3-126a 所示，拧上六角螺母，调整好位置，使打板底平面与凹模分型面齐平，如图 3-126b 所示。

4）在凸模固定板（件号 18）之上放入橡胶（件号 21），放上托料板（件号 22），如图 3-127a 所示，调整好位置装上限位钉（件号 9），并调整其松紧程度，使托料板上端面与凸模上端面刃口齐平，如图 3-127b 所示。

5）翻转下模部分，如图 3-128a 所示。依次放上托板（件号 11）、橡胶（件号 14）、托板（件号 12），准备好拉杆，如图 3-128b 所示。

6）将拉杆（件号 10）拧入下模座（件号 15），并加双六角螺母（件号 13）使其固

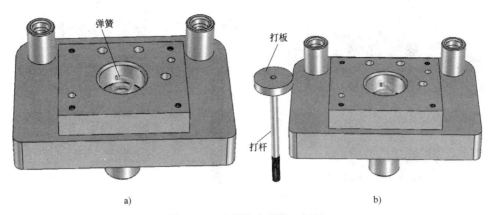

a)　　　　　　　　　　　　　b)

图 3-125　上模装入弹簧、打板

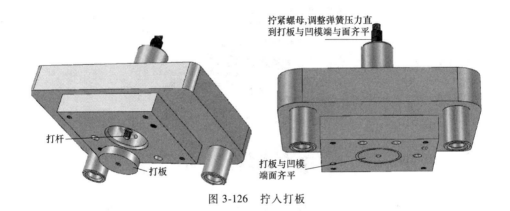

图 3-126　拧入打板

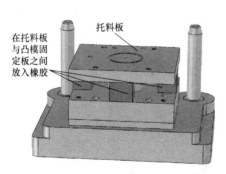

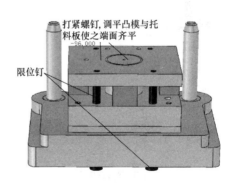

图 3-127　放上托料板

定。拧紧螺母可调整橡胶压力。如图 3-129 所示。

7）将装好的下模部分翻转后安装定位螺钉，如图 3-130a 所示。在托料板上不同位置放软金属（铅丝），如图 3-130b 所示。以凹模为基准，合拢上、下模，如图 3-131 所示。试压后取下成形的铅丝，测量图 3-132 中标注点的厚度尺寸与对面相对应点的尺寸对比，得出凸、凹模侧面之间的间隙是否均匀，凸、凹模上、下面是否平行，如有问题可进行调整，并可根据测量结果决定调整量。根据测量各部位铅丝的厚度，精确找正凸、凹模位

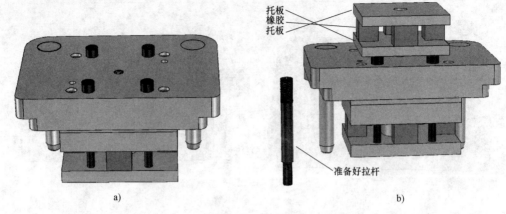

图 3-128　放上托板

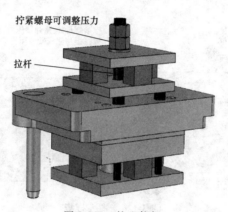

图 3-129　拧入拉杆

置。如果凸模与凹模的孔位不对正，可轻轻敲打凸模固定板，利用螺钉孔的间隙进行调整，直到间隙均匀为止。

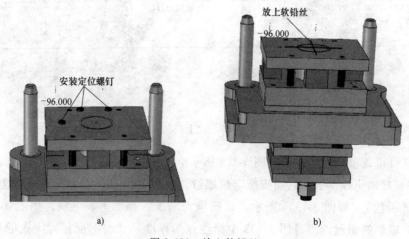

图 3-130　放上软铅丝

调整好模具后，合模试切工件——调整——试切工件，直到工件合格。

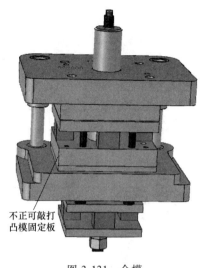

不正可敲打
凸模固定板

图 3-131 合模

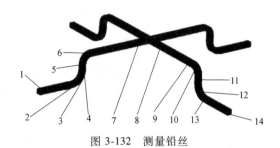

图 3-132 测量铅丝

8）安装定位元件：分开上、下模，翻转下模，拆掉托板、橡胶、拉钉，配钻、铰下模圆柱销的孔，如图 3-133 所示，打入圆柱销（件号 8），如图 3-134 所示。

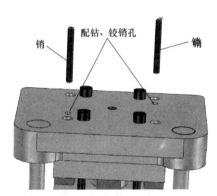
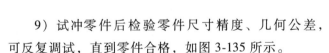

图 3-133 铰销孔

图 3-134 打入圆柱销

9）试冲零件后检验零件尺寸精度、几何公差，可反复调试，直到零件合格，如图 3-135 所示。

模具装配完毕后，必须保证装配精度，满足规定的各项技术要求，并按照模具验收技术条件，全面检验模具各项要求：如上模座的上平面和下模座下平面的平行度误差不大于 0.05mm/300mm。模具闭合高度，卸料板卸料状况，退件系统作用情况，各部位螺钉及销是否拧紧以及按图样检查有无漏装及装错的地方。然后可试切打样，进行检查。最后在投入生产前进行试模，并按试模制件调整、修正模具，当试模合格后，模具装配才算完成。

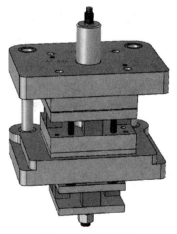

图 3-135 检验零件

【课题解析及评价】

【课题考核】（表3-13）

表3-13 课题考核

考核项目	考核要求	配分	评分
模具闭合高度	符合图样的规定要求	5	
导柱上、下滑动	应平稳、可靠	5	
凸凹模间的间隙	符合图样的规定要求，且分布均匀	10	
定位和挡料装置的相对位置	符合图样要求	10	
卸料和顶件装置的相对位置	符合图样要求，超高量在允用规定范围内，工作面不允许有倾斜或单边偏摆，以保证制件或废料能及时卸下和顺利顶出	10	
紧固件装配	应可靠，螺栓的螺纹旋入长度在钢件连接时应不小于螺栓的直径；钢件连接时应不小于1.5倍螺栓直径；销与每个零件的配合长度应大于1.5倍销直径；螺栓和销的端面不应露出上、下模座等零件的表面	5	
落料孔或出料槽	应畅通无阻，保证制件或废料能自由排出	10	
标准件互换性	应能互换，紧固螺钉和定位销与其孔的配合应正常、良好	5	
模具在压力机上的安装尺寸	需符合选用设备的要求	5	
起吊零件	起吊零件应安全可靠	5	
生产前试验	冲出的制件应符合设计要求	20	
安全、纪律	遵守相关规定	10	

【课题小结】

　　拉深模装配完成后，需经检验、试冲、调试，反复的试验直到冲出合格的工件为止。试冲后检查制件，如发现间隙不均匀则需重新拆卸模具，调整间隙后再进行试冲，直到冲出合格的零件时再配打销孔，打入圆柱销固定。装配精度要符合装配要求，装配图未做明确要求时应检验以下各项：

　　1）各零部件之间的相互位置精度。模架上各工作表面的平行度、垂直度；上、下模的相互位置精度；定位销与型腔的相互位置精度。

　　2）运动部件的相互位置精度。如卸料部件的运动状况及工作稳定性；传动部件的运动精度等。

　　3）配合精度和接触精度。如模具导向机构的实际配合间隙、运动平稳、配合面接触面积等。总之，拉深模装配后是否合格要看冲出的制件尺寸及其精度是否合格。

【想想练练】

想一想：

　　1. 拉深模是把板料毛坯制成_____，或使空心件进一步改变形状和尺寸的

模具。在控制模具间隙和保持位置精度的同时又要考虑零件材料的＿＿＿＿＿、回弹和产品的
＿＿＿＿＿，以及拉深的＿＿＿和＿＿＿等。

2. 拉深的分类：按对材料的处理分为＿＿＿＿＿拉深和＿＿＿＿＿拉深；按操作的工序分为
＿＿＿＿＿拉深和＿＿＿＿＿拉深。

练一练：

简述拉深模的装配方法与步骤。

单元四 冲模的安装调试与维修

课题一 冲模的安装

学习目标

> 了解冲床的类型、组成、工作过程、技术参数；熟悉安全操作规程，初步掌握压力机参数和选用方法；掌握冲床安全操作规程；掌握冲模安装基本知识，能识读冲压机型号，能进行冲压机的日常保养和操作，能正确安装冲模。

友情提示：本课题建议学时为 4 学时

【知识描述】

冲压设备是冲压模具试模和模具制件生产的主要设备之一，其在机床中所占的比例已接近 50%。因此，在模具试模前必须掌握冲压设备的型号识读、正确操作方法、安全操作规程和日常保养规范，再进行模具安装调试操作。

一、冲压设备的分类及型号

冲压设备一般可分为机械压力机、电磁压力机、气动压力机和液压机四大类。

压力机的型号是按照锻压机械的类别、列、组编制而成的。"—"后面的数字表示压力机的标称压力（常称吨位），也就是压力机的规格，转化为法定单位制 kN 时，应把此数字乘以 10，如 160 表示公称压力 1600kN。以曲柄压力机为例，按照《锻压机械 型号编制方法》GB/T 28761—2012 的规定，曲柄压力机的型号用汉语拼音字母、英文字母和数字表示，见表 4-1。

表 4-1 压力机型号识读

型　号	型号意义
JA31-160	J 为类代号，A 为变形顺序设计代号，3、1 分别为列别、组别代号，160 为公称压力规格（公称压力为 1600kN）
JB23-63	J 代表机械压力机（类代号），B 代表第二种变形（变形顺序号），23 代表开式可倾压力机（列、组代号），63 代表 630kN（公称压力）
JA23-63A	J 代表机械压力机（类代号），A 代表第一种变形（变形顺序号），23 代表开式双柱可倾压力机（列、组代号），63 代表 630kN（公称压力），A 代表第一次改进（产品重大改进顺序号）

（续）

型　　号	型 号 意 义
YA32-315	Y 代表液压机(类代号)，A 代表第一种变形(变形顺序号)，32 代表四柱液压机(列、组代号)，315 代表 3150kN(公称压力)
JH21-60	J 代表机械压力机(类代号)，H 为变形顺序设计代号，21 代表开式固定台冲压机，60 代表 600kN (公称压力)

二、冲压设备机构组成和传动原理

曲柄压力机是冲压的基本设备，按机身结构形式不同，分为开式压力机和闭式压力机，还可分为双柱和四柱式。开式压力机的机身形状类似于英文字母"C"，其机身工作区域三面敞开，操作空间大，但机身刚度差，压力机在工作负荷下会产生角变形，影响加工精度。所以，这类压机的公称压力比较小，一般在 2000kN 以下。公称压力超过 2500kN 的大、中型压力机可采用闭式压力机，闭式压力机机身左右两侧是封闭的，机身形状组成一个框架，刚性好，压力机加工精度高，其构造和工作原理如图 4-1 所示。

1. 压力机的机构组成

1）工作部分由曲轴、连杆、滑块、导轨等零件组成。

2）传动系统包括传动带和传动齿轮等机构。

3）操作系统，如离合器、制动器及其控制装置。

4）能源系统，如电动机、飞轮。

5）支承系统，如床体、底座。

2. 压力机的工作原理

电动机的能量和运动通过带传动传递给中间轴，再由齿轮传动给曲轴，经连杆带动滑块做上、下直线运动。因此，曲轴的旋转运动通过连杆变为滑块的往复直线运动。将上模固定在滑块上，下模固定于工作台垫板上，压力机便能对置于上、下模间的材料加压，依靠模具制成工件，实现压力加工。

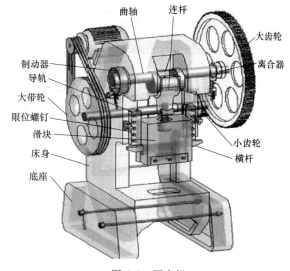

图 4-1 压力机

 【知识链接一】 冲模

冲模是冲压的工具，冲模由上模和下模两部分组成。上模借助于模柄固定在冲床滑块上，随滑块上下运动，下模则固定在工作台上。凸模和凹模为冲模的工作部分，直接使坯料分离或成形。它们分别通过凸模固定板和凹模固定板固定在上、下模板上。导套和导柱用来引导凸模与凹模对准。导尺控制着坯料的进给方向，定位销控制坯料的进给长度。卸料板的作用是当上模回程时，将坯料从凸模上卸下。冲模主要有：简单冲模、连续冲模和复合冲模，如图 4-2～图 4-4 所示。

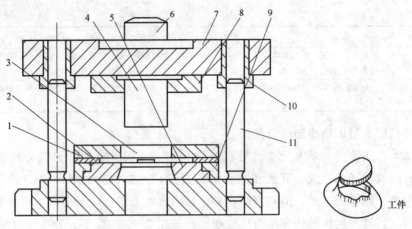

图 4-2　简单冲模

1—固定卸料板　2—导料板　3—挡料销　4—凸模　5—凹模　6—模柄　7—上模座

8—凸模固定板　9—凹模固定板　10—导套　11—导柱

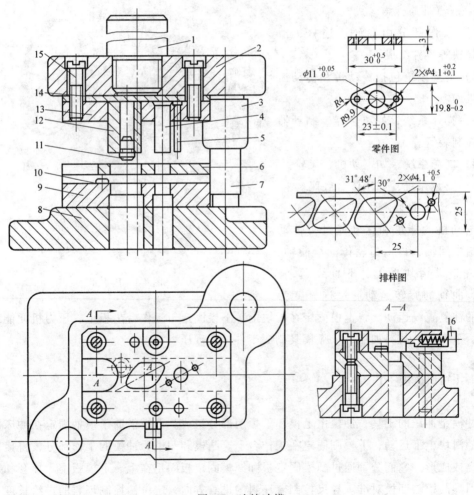

图 4-3　连续冲模

1—模柄　2—上模座　3—导套　4、5—冲孔凸模　6—固定卸料板　7—导柱　8—下模座　9—凹模

10—固定挡料销　11—导正销　12—落料凸模　13—凸模固定板　14—垫板　15—螺钉　16—始用挡料销

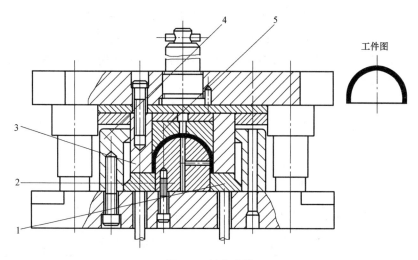

图 4-4　复合冲模

1—弹性压边圈　2—拉深凸模　3—落料、拉深凸凹模　4—落料凹模　5—顶件板

 【知识链接二】　冲压的主要工序

冲压的主要工序有：落料、冲孔、弯曲和拉深。

1. 落料和冲孔

它们是使板料分离的工序，如图 4-5 所示。落料和冲孔的过程完全一样，只是用途不同。落料时，被分离的部分是成品，四周是废料。冲孔则是为了获得孔，被分离的部分是废料。落料和冲孔统称为冲裁，所用冲模称为冲裁模。

2. 弯曲和拉深

弯曲用以获得各种不同形状的弯角，如图 4-6 所示。弯曲模的凸模工作部分应做成一定的圆角，以防止工件外表面拉裂。

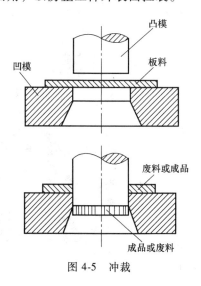

图 4-5　冲裁

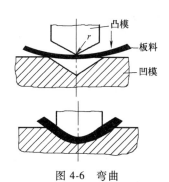

图 4-6　弯曲

拉深是将板料加工成空心筒状或盒状零件的工序，如图 4-7 所示为无压边拉深。拉深所用的坯料通常用落料工序获得。拉深模的凸模和凹模边缘必须是圆角。凸模与凹模之间应有比板料厚度略大的间隙。为了防止皱褶，坯料的边缘常用压边圈压住后，再进行拉深，如图 4-8 所示。

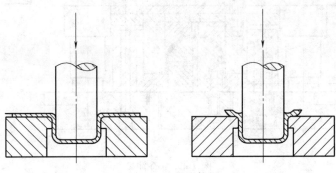

图 4-7　无压边拉深

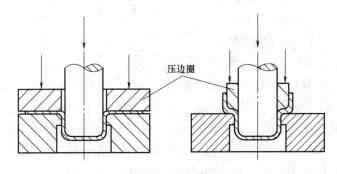

图 4-8　压边拉深

三、压力机安全操作规程

不同制造企业的压力机操作方法有所不同之处，本任务主要以有代表性的 JH21-60 型压力机（图 4-9）为例进行操作。

1. 操作前

必须经过学习，掌握设备的结构、性能，熟悉操作规程并取得操作许可方可独立操作。

1）操作人员必须穿着标准工作服装。

2）检查各加油部分的油面及各润滑点，保证供油充分，润滑良好。

3）检查压缩空气压力是否在规定范围内。

4）起动电机，检查飞轮旋转方向是否和回转标志方向一致。

5）空运转设备 3～5min，检查制动器、离合器等部分的工作情况，试验单次、寸动、连续、紧停等各动作的可靠性。

图 4-9　JH21-60 型压力机

2. 工作中

1）起动时或运转冲制过程中，操作者站立要恰当，手和头部应与压力机保持一定的距离，并时刻注意冲头动作，严禁与他人闲谈。

2）冲制短小工件时，应用专门工具，不得用手直接送料或取件；冲制长体零件时，应设制安全托料架或采取其他安全措施，以免掘伤。

3）单人冲制时，手脚不准放在手闸、脚闸上，必须冲一次搬（踏）一下，严防事故；两人以上共同操作时，负责搬（踏）闸者，必须注意送料人的动作，严禁一手操作机台，一手伸入模具内检查，如图 4-10 所示。

4）严禁在冲压设备旁追逐打闹。

5）禁止同时冲裁两块板料。

6）发现压力机工作不正常时（如异常噪声、滑块自由下落等）应立即停车，及时解决问题。

7）不得任意拆卸防护装置。

图 4-10　严禁一手操作机台，
一手伸入模具内检查

8）每工作 4h 手动操作润滑泵手柄，保证各润滑点润滑充分。

3. 冲压结束

1）切断电源、气源，排除剩气及水分滤气器内剩水。

2）将压力机擦拭干净，在各加工表面涂上防锈油。

3）保管好操作按钮钥匙，非有关人员不得操作压力机。

安全操作规程如图 4-11 所示。

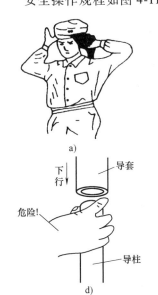

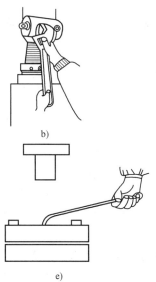

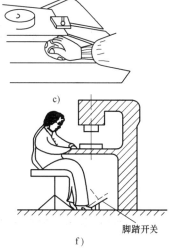

图 4-11　安全操作要求图例

a）穿戴劳动护具　b）检查设备主要螺钉　c）清理及檫拭　d）不准将手扶在危险区域
e）用工具取出制件或废料　f）加工零件脚和手要离开动作机构

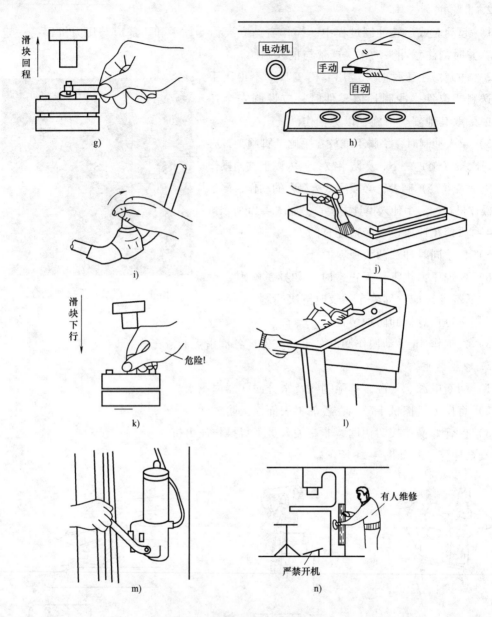

图 4-11　安全操作要求图例（续）

g）按工艺要求使用手工工具　h）安装模具时将控制开关打到手动位置　i）关闭气阀

j）在模具工作位置涂润滑油　k）滑块下行手不得停留在危险区　l）同时操作两人要配合

m）检查润滑系统　n）开机前看周围有无维修人员

四、JH21-60 型压力机主要技术参数和操作方法

1. 主要技术参数

JH21-60 型压力机属于机械式开式单动固定台压力机，适合冲孔、落料、弯曲、折边、浅拉深等多种工序，应用广泛。采用液压过载保护装置，起动摩擦离合器，整机具有刚性

好、精度稳定、传动平稳、噪声小、具有红外保护装置、可选用配件多的优点。可配装自动送料装置、卷料架等，实现单机冲压自动化。其主要技术参数见表4-2。

表4-2　JHA21-60型压力机技术参数

公称压力	公称压力行程	行程长度	最大封闭高度	滑块调节量	所需空气压力
600kN	4mm	140mm	300mm	70mm	0.5MPa
滑块底面尺寸	工作台面尺寸	模柄孔尺寸	工作台板孔直径	主电机功率	机床总重量
480mm×400mm	870mm×520mm	50mm	φ150mm	5.5kW	5000kg

2. 压力机操作方法

（1）操作前准备工作

1）清理工作台异物。

2）连接气管，检查气压，且需气压稳定后才可起动设备，如图4-12所示。

3）开启总电源：打开机器电源柜开启总电源，并检查光电保护器电源是否开启，如图4-13所示。

4）推注润滑油，在机床有一处手动加油处，压油3~4次。

5）预热机床：按电器柜控制面板上主电机起动按钮（主电机区绿色起动按钮）起动主电机，主电机运转，同时双手按工作台控制面板上的双手控制按钮（绿色按钮），让滑块运转，使机器空运转3~5min。听压力机运转是否有异常声音，闻是否有异常气味。

图4-12　气压表

图4-13　开启电源、检查光电保护器电源

（2）电器柜控制面板说明　电器柜控制面板主要作用是控制操作电源和选择操作模式，如图4-14和表4-3所示。

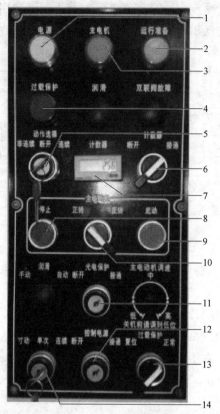

图 4-14 电器柜控制面板

表 4-3 电器柜控制面板说明表

序号	名　称	选项	说　明
1	电源		总电源指示灯
2	主电机		主电机运转指示灯
3	运行准备		该指示灯亮,表示压力机可以进行运行操作
4	过载保护		超载时该灯亮,压力机停止运行,超载保护器的泵起动
5	动作选择开关	非连续	压力机不能进行连续冲裁
		连续	压力机可进行连续冲裁
6	计数器开关	断开	计数器不工作
		接通	计数器工作
7	计数器		计录滑块运转的次数,下方按钮可以将计数器归零
8	主电机停止按钮		推动此开关,电源被切断,主电机停止运转
9	主电机起动按钮		推动此开关,电源连接,主电机运转
10	电机转向选择开关	正转	电机正转
		反转	电机反转
11	光电保护开关锁	断开	断开光电保护
		接通	接通光电保护

（续）

序号	名　称	选项	说　　明
12	电源开关锁	断开	机床电源断开
		接通	机床电源接通
13	过载保护旋钮	正常	通常在"正常"位置
		复位	当过载保护灯亮时,才将旋钮放在"复位"位置,并用"寸动"操作滑块移动到上止点;然后将旋钮恢复到"正常"位置,待过载保护器复位后,过载保护红灯熄灭
14	压力机动作选择旋钮	寸动	当双手按"运行"按钮时,滑块才运行,当按钮释放时,滑块立即停止运行
		单次	推动"运行"按钮时,滑块向下运行,当曲柄转到超过135°时,滑块继续下冲,而与按钮是否推动无关。当滑块完成一个行程后,滑块停止在上止点
		连续	双手推动"运行"按钮,滑块连续不停地进行行程操作,3s后,可以释放按钮,滑块仍然能继续运行

（3）工作台控制面板说明　工作台控制面板主要控制与生产动作相关的压力机滑块运行模式，装模高度调节，自动送料和喷气吹料的控制，如图4-15和表4-4所示。

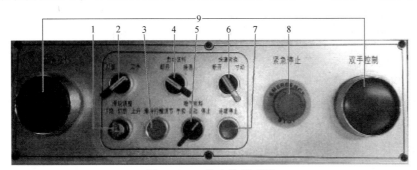

图4-15　工作台控制面板

表4-4　工作台控制面板说明

序号	名　称	选项	说　　明
1	滑块调整旋钮	下降	调整滑块为下降模式
		切断上升	除调整滑块高度,通常在切断状态调整滑块为上升模式
2	控制模式选择旋钮		选择压力机工作控制模式为脚踏开关还是双手开关控制
3	滑块行程调节按钮		调节滑块的上升和下降,控制装模时装模高度
4	自动送料旋钮		接通时可以控制自动送料结构的工作,未装自动送料机时无效,断开时自动送料机构停止工作
5	喷气吹料旋钮	手动	当压力机不操作时,使用时需手动使用
		自动	气流随压力机的行程同步吹出
		停止	关闭空气吹料
6	快速转换旋钮		
7	连续停止按钮		按该按钮,则滑块停止在上止点

（续）

序号	名　称	选项	说　　明
8	急停按钮		在操作的任何情况下,按此按钮,压力机立即停止操作。在重新起动设备前,该按钮需复位
9	运行按钮		在"运行准备"的绿色指示灯亮之后,双手同时按该按钮,压力机才能运行

3. 工作结束后日常保养

1）关闭电源总闸,关闭气阀。

2）清除机床夹缝、角落内试模废料及灰尘。

3）清洁工作台面、机床外表、机床加工表面,加机械油防锈。

4）妥善保管操作钥匙,非有关人员不得操作压力机。

4. 压力机操作步骤

（1）准备工作

1）工具准备：带活动连接头气管,2根；8in活扳手,2把；JH23-60专用呆扳手,1把。

2）设备准备：JH21-60型压力机,1台。

3）操作分组：将参加训练人员分为若干组,轮流上机操作。

（2）实施步骤

1）认识设备：

① 了解设备的基本结构。

② 了解压力机日常保养点和加油点位置并加油。

③ 了解各操作按钮的位置。

2）压力机操作：

① 连接气管,检查气压。

② 打开电源,检查各指示灯是否正常,特别是光电保护器是否正常。

③ 起动主电机,让电机预热运转（滑块不运转）3min左右,检查电机是否正常。

④ 将操作模式选择在"寸动"状态,双手点动"运行"按钮,检查离合器和制动器是否正常。

⑤ 将操作模式选择在"连续"状态,按住"运行"按钮超过3s,使滑块空运转3min,检查设备是否运转正常。

⑥ 按"急停"按钮,检查急停是否正常。

⑦ 分别选择冲压的"寸动""单次""连续"模式进行操作,并进行模式的转换。

⑧ 停止滑块运动,调节滑块行程。

⑨ 查看压力机计数器此时的冲压次数,并归零。

⑩ 停机,准备下一个学员训练。

3）操作完成后工作：

① 关设备电源总闸，关配电箱电闸。

② 取下电源钥匙。

③ 取下气管。

④ 整理工具。

⑤ 清洁设备及场地，并加机械油防锈。

4）实训总结：总结实训中存在问题和不足，写实训报告。

 【知识链接三】 压力机的选择

在选用压力机时，主要应从两个方面进行选择：一是冲压工序及冲模类型；二是冲压设备的规格。

1. 选择压力机类型

1）中小型冲裁模、拉深模、弯曲模应选用单柱、开式单动压力机。

2）大中型冲模应选用双柱或四柱压力机。

3）批量生产及尺寸大的自动冲模应选用高速压力机或多工位自动压力机。

4）批量生产尺寸小但材料较厚的大型冲件的冲压，应选用液压机。

5）对于校平、校形模应选用大公称压力双柱或四柱压力机。

6）大中型拉深模应选用双动或三动压力机。

7）冷挤压模或精密冲裁模应选用专用冷挤压机及专用精密冲裁机。

8）多孔电子仪器板件冲裁，最好采用转头压力机。

压力机的选择，要根据实训场地现有设备情况进行。尽量按其设备条件，进行冲模结构的设计。

2. 选择压力机规格

1）压力机的公称压力应为计算压力（模具冲压力）的 1.2~1.3 倍。

2）压力机的行程应满足制品高度尺寸要求，并保证冲压后制品能顺利地从模具中取出，尤其是弯曲、拉深件。

3）压力机的装模高度应大于冲模的闭合高度。

4）压力机的工作台尺寸、滑块底面尺寸应满足模具的正确安装。落料孔的尺寸应大于或能通过制品及废料尺寸。

5）压力机的行程次数（滑块每分钟冲压次数）应符合生产率和材料变形速度的要求。

6）压力机的结构应根据工作类别及零件冲压性质，应备有特殊装置和夹具，如缓冲器、顶出装置、送料和卸料装置。

7）压力机的电动机功率应大于冲压需要的功率。

8）压力机应保证使用的方便和安全性。

五、模具安装技术准备和压力机技术状态检查

安装前，首先需要根据模具结构和制件零件图样准备合适的工量具和设备。为保证在压力机上正确安装模具，需做好两项工作：模具的技术准备和压力机技术状态检查。

1. 模具技术准备

在安装调试冲模前，必须首先熟悉冲压零件的形状、尺寸精度和技术要求；掌握所冲压零件的工艺流程和各工序要点；熟悉所要调试的冲模结构特点及动作原理；了解冲模的安装方法及注意事项。

1）检查模具结构。检查模具是否装配完整，有无缺漏零件；螺钉和销连接是否牢固，零部件是否有松动；检查模具外观，是否有伤痕、开裂、凸起，工作零件是否锋利；检查模具导向是否灵活。如图 4-16 所示。

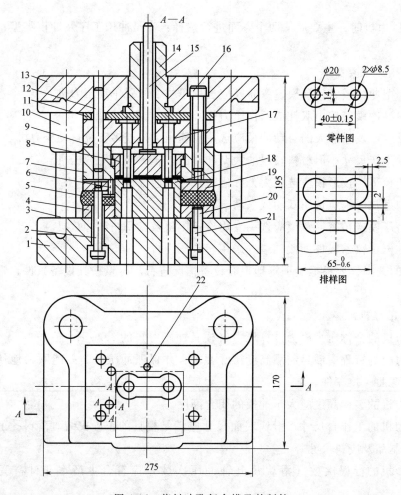

图 4-16 落料冲孔复合模及其制件

1—下模板 2—卸料螺钉 3—导柱 4—固定板 5—橡胶 6—导料销 7—落料凹模 8—推件块 9—固定板
10—导套 11—垫板 12、20—销 13—上模板 14—模柄 15—打杆 16、21—螺钉 17—冲孔凸模
18—凸凹模 19—卸料板 22—挡料销

2）检查冲模的安装条件。冲模的闭合高度必须要与压力机的装模高度相符，如图 4-17所示。在安装前，冲模的闭合高度必须要经过测定，其值要满足下列关系

$$H_{max} - 5 \geqslant H \geqslant H_{min} + 11$$

式中　H_{max}——压力机最大装模高度（mm）；

H_{min}——压力机最小装模高度（mm）；

H——冲模的闭合高度（mm）；

H_1——垫板高度（mm）。

符合模具设计说明书上的要求，一般压力机的冲压力必须要大于模具工艺压力的 1.2~1.3 倍。

3）确认压力机的公称压力是否满足模具要求。模具设计时已经过计算，已标明压力机吨位，安装前需确认所选用的压力机吨位是否相符。

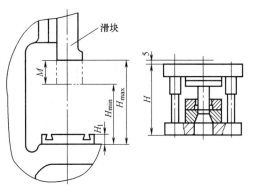

图 4-17　装模高度和封闭高度

4）冲模的各安装槽（孔）位置必须与压力机各安装槽（孔）相适应。

5）压力机工作台面的落料孔尺寸应大于或能通过制品及废料的尺寸。

压力机的工作台尺寸，滑块底面尺寸应能满足冲模的正确安装要求，即工作台面和滑块下平面的大小应适合安装冲模并要留有一定的余地。一般情况，冲床的工作台面应大于冲模模板尺寸 50~70mm。

6）冲模打料杆的长度与直径是否与压力机上的打料机构相适应。

7）清除模具表面异物和金属残渣。

2. 检查压力机的技术状态

1）冲床润滑系统、液压系统、气动系统、制动器、离合器等是否能正常工作，压力机的一些运动件是否能正常工作，有没有出现不紧固的螺钉，脱落的电线等，以保证压力机处于良好的可操作状态。这样做可以避免在模具装机之后，压力机出现异常时，还须把已装机模具拆卸下来再去修理压力机，造成不必要的重复工作或因压力机潜在的故障隐患造成模具的意外事故。

2）根据冲模闭合高度，检查或调整冲床的闭合高度。

3）检查压力机滑块平行度及垂直度。在精密冲压中，模架配有导向装置，主要由导柱、导套和钢珠保持架组成。导向装置的作用是确保模具的凸、凹模（上、下模）的严格对中，若平行度、垂直度出现超差，则可能增加导柱不应有的载荷而致其过度磨损，最终把这个磨损间隙叠加给了凸、凹模之间的配合间隙，一方面缩短了模具的使用寿命，另一方面导致冲压件不符合工艺要求。没有配置导向装置的模架，模具的相对位置是靠压力机上的导轨精度保证的，滑块的这种不平行度超差将引起凸、凹模对中性超差，单边间隙过大，使工件产生过多毛刺，而另一边则因间隙过小造成模具过度磨损，重则产生咬切，损坏模具。平行度检查方法如图 4-18a 所示。

4）检查滑块垂直度方法，如图 4-18b 所示。

5）检查工具：磁力表座、千分表或百分表、直角尺。

检查步骤如下：

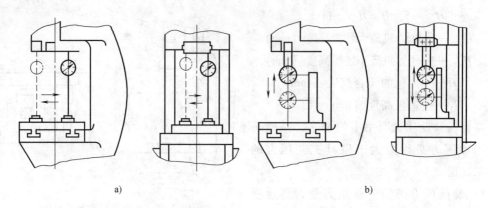

a)   b)

图 4-18　检查压力机滑块平行度及垂直度

a）滑块平行度检查方法　b）检查滑块垂直度方法

① 从压力机上取下模具（包括模架）。

② 压力机应处于润滑状态（即润滑系统正常工作）。

③ 磁力表座置放在滑块平坦的表面上，直角尺竖放在床台上。

④ 缓慢运动滑块完成一次冲程，记录检测的值。

⑤ 检查前后、左右两个位置的垂直度。

⑥ 记录检查结果并与所要求的精度进行比较。

【课题实施】

模具装配完成后的试模或者生产都必须在压力机上进行，因此将模具正确地安装在压力机上是模具装配调试工作必须具备的一项技能，同时模具安装的正确与否也是保障冲压安全生产的一项前提条件。现以图 4-16 落料冲孔复合模为例进行安装。

1. 冲模安装

以 JH21-60 型压力机为例，说明冲模安装过程。

1）准备好安装冲模所用的扳手、紧固螺栓、螺母、压板、垫块、垫板等附件，如图 4-19 所示。

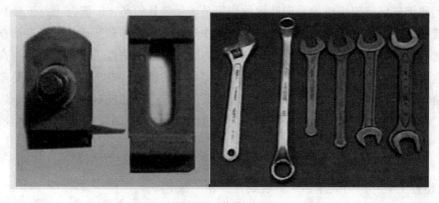

图 4-19　装模工具

2）测量模具高度，如图 4-20 所示。

3）将压力机滑块调节到压力机的上止点（滑块运行到最高位置），如图 4-21 所示。

图 4-20　测量模具高度

图 4-21　调节滑块至上止点

4）调节压力机的调节螺杆，将其调节到最短长度，本机可以将连杆高度调节到 300mm，如图 4-22 所示。

5）将冲模放在压力机工作台上，注意安全，防止模具跌落，如图 4-23 所示。

图 4-22　调节螺杆

图 4-23　装模具到工作台

6）调节滑块下降，使滑块慢慢靠近上模。并将模柄对准滑块孔（图 4-24），然后再使滑块缓慢下移，直至滑块下平面贴紧上模的上平面（图 4-25）。

图 4-24　对准模柄孔

图 4-25　滑块贴紧上模面

7）固定上模，拧紧模柄固定块上的 2 个紧固螺钉，将上模固紧在滑块上，如图 4-26 所示。

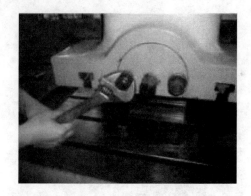

图 4-26　固定上模

8）固定下模，用压块将下模紧固在压力机工作台面上时，压块的位置应摆放正确，如图 4-27所示。

9）放上条料进行试冲。根据试冲情况，可调节上滑块的高度，直至能冲下合格的零件。

2. 冲模拆卸

提示：①拆卸时不论模具大小要用手掌握住，不能两个指头捏住或随手一抓。拆卸下来的模具要倒扣在工作桌面上，主要工作面朝下，防

图 4-27　锁紧下模

止碰伤；② 拆卸模具尽量避免用螺钉顶出，易导致定位销折断；③ 提升滑块时用寸动操作慢慢提升至上止点，避免模柄固定螺钉没有完全松开而带起上模。

1）将滑块调到下止点，然后急停压力机。

2）松开滑块上模柄固定块的锁紧螺钉，并拧中间的顶松螺钉将固定块顶松。

3）松开急停开关，在寸动模式下将滑块停至最高处，此时模柄需完全脱离滑块。

4）松开下模压块，将模具吊下压力机。

5）关掉电源及气源，取下电源钥匙。

6）整理工具，清洁保养压力机和模具，清理场地。

【课题解析及评价】

【情景预演】　开始生产前，首先需要根据模具结构和制件零件图样准备合适的工量具和设备。为正确在压力机上安装模具，需做好两项工作：模具的技术准备和压力机技术状态检查。

【课题小结】　本课题中，要理解模具在试模或安装使用前要做的准备工作，明确冲模安装于压力机上的要求，熟练运用拆装技能，对模具进行正确的安装和拆卸，严格按照工作程

序进行操作，养成谨慎、严谨、细心的工作作风。

【课题考核】（表 4-5）

表 4-5 课题考核

序号	检查项目	配分	检查内容和标准	实测记录	得分
1	图样分析	5	图样识读		
2	检查冲模、压力机的技术状态	5	冲模安装条件、模具质量、压力机的技术状态		
3	开机、清理安装面	5	将滑块调至上止点、清理安装面		
4	吊装或将上、下模具推到工作台	10	测量压力机装模高度、保证压力机装模高度大于模具闭合高度、将模具吊装至压力机工作台中心位置		
5	调整滑块	10	将滑块调至下止点、调节连杆长度使滑块下表面与模具安装面吻合		
6	紧固上模、初步固定下模	10	用螺钉将上模紧固在压力机上、初步固定下模		
7	开机找正，紧固下模	10	将压力机滑块上调 3~5mm、开动压力机使滑块至上止点。擦净导柱、导套上油。开动压力机空行程 2 至 3 次，将滑块停在下止点，依靠导柱、导套导正上、下模位置，紧固下模		
8	空行程试冲及调整	15	检查工作部分有无异物，开动压力机空行程数次检查导柱、导套配合情况，检查凸模进入凹模情况，推料、卸料装置，应保证推料、卸料可靠		
9	试冲常见问题处理	20	能分析原因，找出解决办法		
10	安全文明生产	10	严格执行操作规程和纪律		
	合计				

【知识拓展】 在双动压力机上安装与调整冲模

双动压力机主要适合于大型双动拉深模及覆盖件拉深模，其模具在双动压力机上安装和调整的方法与步骤如下：

1. 安装前的准备工作

根据所用拉深模的闭合高度，确定双动压力机内、外滑块是否需要过渡垫板和所需要过渡垫板的形式与规格。

过渡垫板的作用是：

1）用来连接拉深模和压力机，即外滑块的过渡垫板与外滑块和压边圈连接在一起。此外还有连接内滑块与凸模的过渡垫板，工作台与下模连接的过渡垫板。

2）用来调节内、外滑块不同的闭合高度。因此，过渡垫板有不同的厚度。

2. 模具的安装

1）预装。先将压边圈和过渡垫板、凸模和过渡垫板分别用螺栓紧固在一起。

2）安装凸模。

① 操纵压力机内滑块，使它降到最下位置。

② 操纵内滑块的连杆调节机构，使内滑块上升到一定位置。并使其下平面比凸、凹模闭合时的凸模过渡垫板的上平面高出 11~15mm。

③ 操纵内、外滑块使它们上升到最上位置。

④ 将模具安放到压力机工作台上，凸、凹模呈闭合状态。

⑤ 再使内滑块下降到最下位置。

⑥ 操纵内滑块连杆长度调节机构，使内滑块继续下降到与凸模过渡垫板的上平面相接触。

⑦ 用螺柱将凸模及其过渡垫板紧固在内滑块上。

3. 装配压边圈

压边圈内装在外滑块上，其安装程序与安装凸模类似，最后将压边圈及过渡垫板用螺栓紧固在外滑块上。

4. 安装下模

操纵压力机内、外滑块下降，使凸模、压边圈与下模闭合，由导向件决定下模的正确位置，然后用紧固零件将下模及过渡垫板紧固在工作台上。

5. 空车检查

通过内、外滑块的连续几次行程，检查其模具安装的正确性。

6. 试冲与修整

由于制件形状较复杂，所以要经过多次试模、调整、修整后，才能试出合格的制件及确定毛坯尺寸和形状。试冲合格后，投入正常生产。

 想想练练

 想一想：

1. JH23-60 型压力机型号识读：J 代表_____，H 代表_____，23 代表_____，60 代表_____，该型号压力机适合于_____、_____、_____、_____、_____等冲压工序。

2. 压力机选用的基本原则是什么？

3. 压力机的基本型号有哪些？

 练一练：

1. 在压力机上安装模具前应做哪些准备？

2. 分别说明在单动和双动压力机上冲模安装的过程。

3. 使用冲压设备时应遵守哪些操作规程？结合实习环境提出现场有哪些安全隐患？

课题二 冲模的调试

 学习目标

掌握各种冲模调试，熟悉理解试模出现的问题及解决办法。在压力机上调试各种冲模，具备独立的调试冲压模具能力。能针对试模中出现的问题，分析其产生原因，并设法加以解决。

 友情提示：本课题建议学时为 3 学时

 【知识描述】

冲模模具的试冲与调整简称为调试。冲模在压力机上安装后，要通过试冲对制件的质量和模具的性能进行综合考察和检测，对制件出现的各类问题进行全面、认真的分析，找出产生的原因，然后对冲模进行相应的修正和调整，得到质量符合要求的制件。

 【课题实施】

1. 模具调试

1）将装配后的模具顺利地装在指定的压力机上。

2）用指定的坯料（或材料）稳定地在模具上制出合格的成品零件。

3）检查成品零件的质量。若发现成品零件存有缺陷，应分析原因，设法对模具进行修整和调试，直到生产出一批完全符合图样要求的零件为止。

4）在试冲时，应排除影响生产、安全、质量和操作等各种不利因素，使模具达到稳定、批量生产的要求。

5）根据设计要求，进一步确定出某些模具需经试验所决定的尺寸，并修整这些尺寸，直到符合要求为止。

6）经试冲后，编制模具成批生产制品的工艺规程。

2. 调整卸料系统

卸料系统的卸料板（顶件器）要调整至与冲件贴合；卸料弹簧或卸料橡皮弹力要足够大；卸料板（顶件器）的行程要调整到足够使制品卸出的位置；落料孔应畅通无阻；打料杆、推料板应调整到能顺利将制品推出的位置，不能有卡住、发涩现象。

3. 调整导向系统

模具的导柱、导套要有良好的配合精度，不能发生位置偏移及发涩现象。

4. 冲裁模的调试

冲裁模的调试要点如下：

（1）凸、凹模配合深度调整　冲裁模的上、下模要有良好的配合，即应保证上、下模的工作零件凸、凹模相互咬合深度要适当，不能太深或太浅，应以能冲下合适的零件为准。凸、凹模的配合深度是依靠调节压力机连杆长度来实现的。

（2）凸、凹模间隙调整　冲裁模的凸、凹模间隙要均匀。对于有导向零件的冲模，其调整比较方便，只要保证导向件运动顺利且无发涩现象即可保证间隙值；对于无导向冲模，可以在凹模刃口周围衬以紫铜皮或旧纸板进行调整，也可以用透光法或塞尺测试方法在压力机上调整，直到上、下模的凸、凹模互相对中，且间隙均匀后，用螺钉将冲模紧固在压力机上进行试冲。试冲后检查一下试冲的零件，看是否有明显毛刺及断面质量是否合格，若不合适应松开下模，再按前述方法继续调整，直到间隙合适为止。

（3）定位装置的调整　检查冲模的定位零件如定位销、定位块、定位板，是否符合定位要求，定位是否可靠。如位置不合适，在调整时应进行修整，必要时要进行更换。

（4）卸料系统的调整　卸料系统的调整主要包括卸料板或顶件器是否工作灵活；卸料弹簧及橡胶弹性是否足够；卸料器的运动行程是否足够；落料孔是否畅通无阻；打料杆、推料杆是否能顺利推出制品与废料。若发现故障，应予以调整，必要时可重新更换。

冲裁模调试中常见问题及调整方法见表4-6。

表4-6　冲裁模调试中常见问题及调整方法

存在问题	产生原因	调整方法
1. 凹模被胀裂	凹模孔口有倒锥现象，即上口大、下口小。或凹模刃口长度太长，积存的件数太多，胀力太大	修整凹模刃口，消除倒锥现象 或减小凹模刃口长度，使冲下的件尽快漏下
2. 冲压件形状或尺寸不正确	凸模与凹模的形状或尺寸不正确	微量的可修整凸模与凹模，重调间隙；严重时需更换凸模或凹模
3. 毛刺大且光亮带很小、圆角大	冲裁间隙过小	修整落料模的凸模或冲孔模的凹模以放大间隙 更换凸或凹模以减小模具间隙
4. 毛刺大且光亮带大	冲裁间隙过大	调整间隙。若是局部间隙偏小，则可修大；若是局部间隙偏大，有时也可加镶块予以补救
5. 毛刺部分偏大	冲裁间隙不均匀或局部间隙不合理 1）凹模倒锥 2）导正销与导正孔配合较紧 3）导正销与挡料销间距过小	1）修磨凹模去除倒锥 2）修整导正销 3）修整挡料销
6. 冲压件不平整	1）装配时卸料元件配合太紧或料元件安装倾斜 2）弹性元件弹力不足 3）凹模和下模座之间的排样孔不同心 4）卸料板行程不足 5）弹顶器顶出距离过短	1）修整或重新安装卸料元件使其能够灵活运动 2）更换或加厚弹性元件 3）修整下模座排样孔 4）修整卸料螺钉头部沉孔深度或修整卸料螺钉长度 5）加长顶出部分长度

（续）

存在问题	产 生 原 因	调 整 方 法
7. 卸料不正常	1)导柱与导套间隙过大 2)凸模或导柱等安装不垂直 3)上下模座不平行 4)卸料板偏移或倾斜 5)压力机台面与导轨不垂直	1)更换导柱与导套或模架 2)重新安装凸模或导柱等零件,校验垂直度 3)以下模座为基准,修磨上模座 4)修磨或更换卸料板 5)检修压力机
8. 刃口相啃	1)挡料销位置偏移 2)导正销与导正孔间隙过大 3)导料板的导料面与凹模中心线不平行 4)侧刃定距尺寸不正确	1)修整挡料销位置 2)更换导正销 3)调整导料板的安装位置,使导料面与凹模中心线相互平行 4)修磨或更换侧刃
9. 内孔与外形相对位置不正确	1)导料板间距过小或导料板安装倾斜 2)凸模与卸料板间隙过大导致搭边翻边 3)导料板工作面与侧刃不平行 4)侧刃与侧刃挡块间不贴合,导致条料上产生毛刺	1)修整导料板 2)更换卸料板,以减小凸模与卸料板间隙 3)修磨侧刃或导料板 4)消除两者之间的间隙
10. 送料不畅或条料被卡住	1)导料板间距过小或导料板安装倾斜 2)凸模与卸料板间隙过大导致搭边翻边 3)导料板工作面与侧刃不平行 4)侧刃与侧刃挡块间不贴合,导致条料上产生毛刺	1)修整导料板 2)更换卸料板,以减小凸模与卸料板间隙 3)修整侧刃或导料板 4)消除两者之间的间隙

例 1　根据所试冲的冲压件及条料废料所产生的毛刺方向,对冲模进行调整。

在试冲过程中,冲压件可能会产生很大毛刺。这时,可根据毛刺的大小及产生方向对冲裁模进行如下调整:

1)冲压件被硬拉出毛刺。

在试冲时,若冲压件不易落下来,而被强硬拉出毛刺,此时模具钳工必须检查一下凹模是否有倒锥现象。若发现有倒锥孔,则应将落料孔进行修平。

2)条料与冲压件均有毛刺。

假如在条料上和所冲工件均有毛刺产生,则表明凸、凹模刃口均变钝,应刃磨凸、凹模刃口,使之变成锋利。

3)冲压件产生毛刺。

冲压件产生毛刺,说明凸模切削刃变钝,这时应刃磨凸模刃口。

4)条料上留有毛刺。

试冲后条料上留有毛刺,说明凹模刃口变钝,钳工应刃磨凹模刃口,使其锋利。

从表4-6可知,毛刺的产生是由很多原因造成的。上述刃口变钝只是其一种,故在调整冲模时，应从多方面来分析，直至冲出合格的冲压件。

例如，由于凸、凹模之间局部间隙大，会使冲压件局部产生毛刺，造成冲压件质量不好。此时可将间隙大的一边镶入一块镶件后重新做刃口，使之间隙均匀，消除毛刺。若无法镶件时，可以采用热压办法来解决。其方法是：将凹模加热到 800℃ 左右，用压柱在毛刺大的部位（间隙大）压之。

在热压时，压柱的面积最好要大，经压而敲出的部位可为 0.3~0.4mm，深度为 6~7mm，热压后材料内部产生组织应力和热应力，应立即将凹模进行正常化处理，然后再重新精加工此凹模孔，使之间隙合适，毛刺得以减小。

对于间隙不是很大的情况下，也可以用挤压的方法使之间隙往小变化，即在离凹模刃口 3~4mm 处（未经淬火或经淬火后应退火的凹模）用压块通过手锤力使孔往中心部位挤压，来促使间隙变小，使之合适。

凹模经淬硬后发现间隙小而冲出有毛刺时，则可以用磨石修磨一下，使间隙增大一点。有时孔若缩小得很多，可以用研磨杆研磨一下即可。

一、弯曲模的调试

弯曲模装配后，具体的调试按以下步骤进行：

1. 调整弯曲模上、下模在压力机上的相对位置

对于有导向的弯曲模，上、下模在压力机上的相对位置由导向装置来确定；对于无导向装置的弯曲模，上、下模在压力机上的相对位置一般通过调节压力机连杆长度的方法来调整。在调整时，最好把事先制作的样件放在模具的工作位置上（凹模型腔内），然后调节压力机连杆，使上模随滑块调整到下极限点时，这样既能压实样件又不发生硬性顶撞及咬死现象，然后将下模紧固。

2. 调整凸凹模的间隙

上、下模在压力机上的相对位置粗略调整后，在凸模下平面与下模卸料板之间垫一片比坯件略厚的垫片，继续调节连杆长度，用手连续扳动飞轮，直到滑块能正常地通过下止点无阻滞为止。

上、下模的间隙可采用垫纸板或标准样件的方法来进行调整，以保证间隙的均匀性。间隙调整后，可将下模板固定、试冲。

3. 调整定位装置

弯曲模定位零件的定位形状应与坯件相一致。在调整时，应充分保证其定位的可靠性和稳定性。使用定位块及定位钉定位的弯曲模，假如试冲后发现位置及定位不准确，应及时调整定位位置或更换定位零件。

4. 调整卸件、退件装置

弯曲模的卸料系统行程应足够大；卸料用弹簧或橡皮应有足够的弹力；顶出器及卸料系统应调整到动作灵活，并能顺利地卸出制品零件，不应有卡死及发涩现象；卸料系统作用于制品的作用力要调整均衡，以保证制品卸料后表面平整，不至于产生变形和翘曲。

弯曲模试冲时出现的问题和调整方法见表 4-7。

表 4-7 弯曲模试冲时出现的问题和调整方法

问　题	产生原因	调整方法
1. 制件产生回弹尺寸和形状不合格	弹性变形的存在	1) 改变凸模的角度和形状 2) 减小凸凹模之间的间隙 3) 增加凹模型槽深度 4) 弯曲前将坯件退火处理 5) 增加矫正力或使矫正力集中在变形部位
2. 弯曲位置偏移	1) 弯曲力不平衡 2) 定位不稳定或位置不准 3) 无压料装置或压料不牢 4) 凸凹模相对位置不准	1) 分析产生弯曲力不平衡的原因,加以解决 2) 增加定位销、定位板或导正销使其定位正确 3) 增加压料装置或加大压料力 4) 调整凸、凹模位置
3. 弯曲角部分产生裂纹	1) 弯曲内半径太小 2) 材料纹向与弯曲线平行 3) 毛坯的毛刺一面向外 4) 金属的塑性较差	1) 加大凸模的圆角半径 2) 改变落料的排样,使弯曲线与板料纤维方向互成一定角度 3) 使毛刺的一面在弯曲的内侧,光亮带在弯曲的外侧 4) 改变塑性好的材料
4. 制件表面擦伤	1) 凸、凹模之间间隙太小、板料受挤 2) 凹模圆角半径过小,表面太粗糙 3) 板料粘附在凹模上	1) 加大间隙值 2) 修光表面,尤其是凹模的圆角半径应越光越好 3) 提高凹模表面硬度,如采用镀铬或化学处理
5. 制件尺寸过长或不足	1) 凸、凹模间隙过小,将材料挤长 2) 压料装置的压力过大,将材料挤长 3) 设计展开错误	1) 加大间隙 2) 减小压料力 3) 落料尺寸应在弯曲模试模后确定
6. 弯曲件底部不平	1) 压(卸)料杆着力点分布不均匀,卸料时将件顶弯 2) 压料力不足	1) 增加压料杆件数,并做到分布均匀 2) 增加压料力

二、拉深模的调试

拉深模具体的调试按以下步骤进行:

1. 调试进料阻力

在拉深过程中,若拉深模进料阻力较大,容易使制品拉裂;若进料阻力小,则又会起皱。所以在试冲时关键是调整进料阻力的大小。

2. 调试拉深深度和间隙

1) 在调整时,可以把拉深深度分 2~3 段来进行。先调整较浅的一段,调整完成后,再往下调整较深的一段,一直调整到所需要的拉深深度为止。

2) 在调整时,先将上模紧固在压力机的滑块上,下模放在工作台上先不紧固,然后在凹模内放入样件,再将上、下模吻合对中,调整各方向的间隙达到均匀一致,再使模具处于闭合位置,紧固下模。拉深模试冲时常见的问题及调整方法见表4-8。

表 4-8　拉深模试冲常见的问题及调整方法

问　题	图　示	产生原因	调整方法
1. 凸缘起皱、零件壁拉裂		压边力太小,凸缘起皱无法进入凹模而被拉裂	加大压边力
2. 壁部被拉裂		1)材料承受的径向拉应力太大 2)凹模圆角半径太小 3)润滑不良 4)材料塑性差	1)减小压边力 2)增大凹模圆角半径 3)加用润滑剂 4)使用塑性好的材料,采用中间退火
3. 凸缘起皱		1)凸缘部分压边力太小,无法抵制过大的切向压边力引起的切向变形,失去稳定形成皱纹 2)材料较薄	1)增大压边力 2)适当加大厚度
4. 边缘呈锯齿状		毛坯边缘有毛刺	修整前道工序落料凹模刃口,使之间隙均匀,毛刺减少
5. 制品边缘高低不一致		1)坯件与凸、凹模中心线不重合 2)材料厚度不均匀 3)凸、凹模圆角不等 4)凸、凹模间隙不均匀	1)调整定位使坯件中心与凸、凹模中心线重合 2)更换材料 3)修整凸、凹模圆角半径 4)调匀间隙
6. 断面变薄		1)凹模圆角半径太小 2)间隙太小 3)压边力太大 4)润滑不合适	1)增大凹模圆角半径 2)加大凸、凹模间隙值 3)减少压边力 4)毛坯件涂上合适的润滑剂后冲压
7. 制品低部被拉脱		凹模圆角半径太小,使材料被处于切割状态	加大凹模圆角半径
8. 制品口缘折皱		1)凹模圆角半径太大 2)压边圈不起作用	1)减少凹模圆角半径 2)调整压边圈结构,加大压边力
9. 锥形件斜面或半球形件的腰部起皱		1)模具圆角半径太小 2)间隙太小 3)变形程度太大	1)加大凹模圆角半径 2)加大凸、凹模间隙 3)增加拉深次数
10. 制品底部不平		1)坯件不平 2)顶料杆与坯件接触面太小 3)缓冲器弹顶力不足	1)平整毛坯 2)改善顶料装置结构 3)更换弹簧或橡皮
11. 盒形件角部破裂		1)模具圆角半径太小 2)间隙太小 3)变形程度太大	1)加大凹模圆角半径 2)加大凸、凹模间隙 3)增加拉深次数

（续）

问　题	图　示	产生原因	调整方法
12. 盒形件直壁部分不挺直		角部间隙太小	增大凸凹模角部间隙，减少直壁间隙
13. 制品壁部拉毛		1）模具工作部分或圆角半径上有毛刺 2）毛坯表面及润滑剂有杂质	1）研磨模具工作面和圆角 2）清洁毛坯使用干净润滑油
14. 盒形件角部向内折拢起皱		1）材料角部压边力太小 2）毛坯角部面积偏小	1）加大压边力 2）增加毛坯角部面积
15. 阶梯制品局部破裂		凸凹模圆角太小，加大了拉应力	加大凸凹模圆角半径
16. 制品完整但呈歪斜状		1）排气不畅 2）顶料杆顶力不均	1）加大排气孔 2）调整顶料杆位置
17. 拉深高度不够		1）毛坯尺寸太小 2）拉深间隙太大 3）凸模圆角半径太小	1）放大毛坯尺寸 2）调整间隙 3）放大凸模圆角半径
18. 拉深高度太大		1）毛坯尺寸太大 2）拉深间隙太小 3）凸模圆角半径太大	1）减少毛坯尺寸 2）加大拉深间隙 3）减少凸模圆角半径
19. 拉深层壁厚与高度不匀		1）凸凹模不同心 2）定位不准确 3）凸模不垂直 4）压边力不均 5）凹模形状不对	1）调整凸凹模位置 2）调整定位零件 3）调整凸模位置 4）调整压边力 5）更换凹模

例 2　制品形状和尺寸不符合图样要求。

1）拉深件拉深高度不够。

拉深件拉深高度不够，从表 4-8 可知，主要是由于坯件尺寸太小，凸、凹模间隙太大、凸模圆角半径太小或压力太小以及材料塑性不够而引起的。这时，可以按上述原因分别对其逐项检查，并分别进行调整和改进。当发现由于拉深高度不够，主要是由于拉深间隙太大或凸模圆角半径太小而引起的时，应对凸、凹模间隙重新调节，使之间隙缩小，必要时可更换凸、凹模，或采用镀硬铬方法，使凸、凹模尺寸加大而减少间隙，并将凸模圆角半径适当修整加大。

2）拉深件高度太大。

由表 4-8 可知，造成拉深件高度太大的原因主要是由于毛坯尺小太大、拉深间隙太小、凸模圆角半径太大或压边力太大而引起的。此时，可适当加大凸、凹模间隙，减少凸模圆角半径及压边力来进行试冲。若按此方法不能消除拉深高度太大时，可适当减少毛坯尺寸。

3）拉深件壁厚不均与底部偏斜。

拉深件壁厚不均或底部偏斜，主要原因是由于凸、凹模轴线不同心、凸模与凹模不垂直或定位销、挡料销位置不正确而引起的。这样必须对凸、凹模相互位置及定位销、挡料销重新调整正确，以确保质量合格。

4）拉深件底部周边形成凸鼓或胀大。

毛坯拉深后若底部出现周边鼓囊或胀大，主要是由于拉深时模内排气不良。这时可在凸模上加大出气孔，使空气在拉深时排除，即可消除底部凸鼓或胀大。

若凸模加大通气孔仍不能排除时，在调整时可采用增设压边装置，加大拉深拉力或通过减小凹模圆角半径和减小间隙的方法来解决。

例3 拉深件表面起皱。

在试模时，若发现拉深制品产生凸缘折皱或筒壁折被，其主要原因是拉深时板平面材料受压缩变形而引起的。通常可采用提高板内径向拉应力来消除折皱，其调整方法如下：

1）调整压边力的大小。

当折皱在制件四周均匀产生时，可判断为压料力不足，逐渐加大压料力即可使折皱消除。如果增大压料力也不能克服折皱时，则需增加压边圈的刚性。由于压边圈刚性不足，在拉深过程中，压边圈会产生局部挠曲而造成坯料凸缘起皱。一般说来，要消除压边圈刚性不足而引起的折皱是比较困难的，只有重新制作压边圈。

当拉深锥形件和半球形件时，拉深开始时大部分材料处于悬空状态，容易造成侧壁起皱，故除增大压边力外，还应采用拉深筋来增大板内径向拉应力，以消除折皱。

2）调整凹模圆角半径。

凹模圆角半径太大，增大了坯料悬空部位，减弱了控制起皱的能力，故发生起皱时，可在调整时适当减小凹模圆角半径。

3）调整间隙值。

当间隙过大、坯料的相对厚度（坯料的厚度与直径之比）较小时，薄板抗失稳能力较差，容易产生折皱，因此适当调整冲模间隙，使其间隙调得小一些，也可以防皱。

若拉深件口部褶皱，其主要原因是凹模圆角半径太大，压边圈不起压边作用而引起的。调整时应重新修整凹模圆角半径使其变小或调整压边机构，加大其压边力。

拉深方盒形件时，角部起皱或向内折拢，主要是由于材料角部压边力太小或角部毛坯太小而引起的。在调整时应设法加大角部毛坯面积或压边力，以消除这种局部起皱现象。

例4 制品被拉裂。

在拉深过程中造成制品被拉裂的根本原因是拉深变形抗力大于筒壁开裂处材料的实际抗拉强度。因此，解决拉深件的破裂，一方面要提高拉深件筒壁的抗拉强度，另一方面是降低拉深的变形抗力。

在拉深后凸缘起皱并且零件壁部又被拉裂，则是由于压边力太小，凸缘部分起皱无法进入凹模而被拉裂，故在调整时应加大压边力使之减少起皱及被拉裂。

若拉深件壁部被拉裂，则表明凹模圆角半径太小，润滑不好及压边力太大和材料塑性太差而引起的。这时，可适当减小压边力、加大凹模圆角半径、使用塑性较好的材料或采用坯料退火工艺，并应加用润滑剂而减少裂纹。

若制品底部被拉裂，则是由于凹模圆角半径太小，在拉深时使材料处于剪割状态而造成的，其调整时应适当加大凹模圆角半径。

在拉深锥形件或半球形件时，若斜面或腰部被拉裂，其主要原因是压边力太小、凹模圆角半径太大、润滑油过多引起的。在调整时要适当加大压边力、修磨凹模圆角半径使之变小或在试模时适当减少润滑次数或改用其他润滑剂。

在拉深时若在角部出现拉裂，其主要原因是凹模圆角半径大小、凸、凹模间隙不均或过小以及变形程度太大而引起的。在调整时，可适当增加拉深次数、加大间隙及凹模圆角半径值，以减少拉裂。

若在阶梯交接处被拉裂，则说明凸、凹模圆角半径太小而加大了拉深力，使其局部被拉裂。此时，应根据具体情况加以修整。

例 5 拉深件侧面擦伤、有划痕。

在试模过程中拉深件侧面若有表面擦伤时，应从以下几方面对冲模进行调整及解决：

1）检查凸、凹模间隙是否均匀。假如凸、凹模间隙不均匀、模具研配不好及导向不良等都能造成局部压料力增高，使侧面产生划痕。这时，必须对凸、凹模间隙重新调整使之均匀，同时应降低凸、凹模表面粗糙度值，即抛光或表面镀铬。

2）检查凹模的圆角半径是否光洁及大小，若凹模圆角半径表面不光洁或太小，当毛坯通过凹模圆角时就会出现细微划痕，这时必须对其进行修整及研磨光洁。

3）改变冲模的材料和硬度，可以减轻拉深件侧面擦伤。如加工软材料时可采用硬材料冲模；加工硬材料时可采用软材料冲模。实践证明：加工铝拉深件，凹模可采用镀硬质铬的冲模；加工不锈钢拉深件，可采用铝青铜冲模，都能得到良好的表面质量效果。

4）拉深时应予以良好的润滑。

5）清除毛坯剪切面的毛刺及附在材料上的脏物。

三、冷挤压模的调试

冷挤压模调试过程中常出现的问题及调整方法见表4-9。

表 4-9 冷挤压模调试过程中常出现的问题及调整方法

问　题	图　示	产生原因	调整方法
1. 挤压件外表、内孔裂纹	裂纹 裂纹	1）凹模锥角偏大 2）凹模结构不合理 3）润滑不好 4）材料塑性不好	1）减小凹模锥角 2）采用两层工作带的正挤压凹模 3）改用润滑性能良好的润滑剂 4）用塑性好的材料或退火
2. 正挤压件端部产生缩孔	120° 缩孔	1）凹模工作带尺寸太大 2）凹模锥角偏大 3）凹模入口处圆角太小 4）凹模表面不光洁 5）凹模端部太光亮 6）毛坯润滑不良	1）减小工作带尺寸 2）修正凹模锥角 3）加大圆角 4）抛光凹模表面 5）降低表面粗糙度值 6）采用好的表面处理及润滑方法

（续）

问　题	图　示	产生原因	调整方法
3. 反挤压件内产生环形裂纹		1）毛坯表面处理及润滑得不好 2）凸模表面不光洁 3）毛坯塑性不好	1）采用好的毛坯表面处理及润滑方法 2）抛光凸模 3）热处理提高毛坯塑性
4. 正挤压端面产生毛刺		1）间隙太大 2）毛坯硬度太高	1）减少凹、凸模间隙 2）提高毛坯退火质量
5. 正挤压产生弯曲		1）模具工作部分形状不对称 2）润滑不均匀	1）修改工作部分尺寸 2）改进润滑质量
6. 挤压件壁厚相差太大		1）毛坯退火不均 2）凹、凸模不同轴 3）模具没有准确导向 4）反挤压凹模顶角太尖引起挤压件偏心 5）润滑剂太多 6）反挤压件毛坯直径太小，放在凹模内太松引起坯件偏斜	1）毛坯均匀退火 2）调凹凸模同轴 3）调整模具准确导向 4）调整反挤压凹模顶角，避免引起挤压件偏心 5）润滑剂适量 6）根据反挤压毛坯直径，选择合适凹模，避免太松引起坯件偏斜
7. 正挤压空心件内侧壁断裂		凸模心轴露出太长	减少心轴长度使其与毛坯孔的深度相适应
8. 正挤压件环形侧壁皱曲		凸模心轴露出太短	增加心轴长度
9. 挤压件中部缩口		凸模无锥度	用带锥度凸模

（续）

问　题	图　示	产生原因	调整方法
10. 连皮位置不在零件高度中央		凸模锥度不合适	采用不同的上、下凸模锥度
11. 挤压件底部出现台阶		凹模拼块尺寸及安装不合适	改进拼块尺寸及安装方法抵偿压缩变形量
12. 金属填不满	金属填不满	型腔存在空气	在型腔内开通气孔
13. 反挤压件表面产生环形裂纹	裂纹	1) 毛坯直径太小 2) 凹模型腔不光洁 3) 毛坯表面处理及润滑不良 4) 毛坯塑性太差	1) 增加毛坯直径,最好大于型腔直径 0.01~0.02mm 2) 抛光凹模型腔 3) 改进表面处理及润滑工艺 4) 改进处理技术,提高毛坯塑性
14. 挤压后矩形工件开裂		1) 间隙不合理 2) 凸模圆角半径不合理 3) 凸模结构不合理 4) 凸模锥角不合适	1) 矩形长边间隙应小于短边间隙 2) 长边圆角半径应小于短边 3) 长边工作带应大于短边 4) 取长边锥角大于短边锥角
15. 反挤压薄壁零件挤压后壁部缺少金属		1) 凹、凸模间隙不均 2) 上、下模垂直度、平行度不合格 3) 润滑剂太多 4) 凸模细长,稳定性差	1) 调整间隙 2) 重新装配模具 3) 少涂润滑剂 4) 在凸模工作面开工艺槽
16. 反挤压件单面起皱		1) 间隙不均 2) 润滑不好,不均匀	1) 调整凹、凸模间隙 2) 保证均匀润滑
17. 挤压表面被刮伤		1. 模具硬度不够 2) 毛坯表面处理及润滑不好	1) 再淬火提高硬度 2) 改进表面处理及润滑工艺
18. 反挤压表面产生环形波纹		润滑不良	改进皂液润滑方法

（续）

问　题	图　示	产 生 原 因	调 整 方 法
19. 反挤压件上端壁厚大于下端		凹模型腔退模锥度太大	减少或不使用退模锥度
20. 反挤压件上端口部不直		1）凹模型腔太浅 2）卸件板安装高度低	1）增加深度 2）增加高度
21. 反挤压件侧壁、底部变薄及高度不稳定		1）底部厚度不够 2）毛坯退火不均匀 3）润滑不均 4）毛坯尺寸超差	1）增加底部厚度 2）提高热处理质量 3）改进润滑质量 4）控制毛坯尺寸

四、翻边模的调试

冲压件的翻边可分为内孔翻边（翻口）和外缘翻边两大类，在试冲中常出现的弊病及调整方法见表 4-10 及表 4-11。

表 4-10　内孔翻边（翻口）试冲中常出现的弊病及调整方法

存 在 问 题	产 生 原 因	调 整 方 法
1. 孔壁与平面不垂直	1）凸模与凹模之间的间隙太大 2）凸模与凹模装偏，间隙不均匀	1）加大凸模或缩小凹模，使之间隙变小 2）重新调整凸、凹模，使间隙均匀
2. 翻边不齐，孔端不平	1）凸模与凹模之间的间隙太小 2）凸模与凹模之间的间隙不匀 3）凹模圆角大小不均	1）放大间隙值，即减小凸模或加大凹模 2）重装凸、凹模，使之间隙均匀 3）修正凹模圆角半径
3. 裂口	1）凸模与凹模之间的间隙太小 2）坯料太硬 3）冲孔断面有毛刺 4）翻边高度太高	1）放大凸、凹模间隙值 2）更换材料或退火处理 3）调整冲孔模的间隙或改变坯料方向，使有毛刺的面在翻边内缘 4）降低翻边高度，或预拉深后再翻边

表 4-11　外缘翻边试冲中常出现的弊病及调整方法

存 在 问 题	产 生 原 因	调 整 方 法
1. 边壁与平面不垂直	1）凸模与凹模之间的间隙太大 2）坯料太硬	1）减小凸、凹模间隙 2）更换材料或将坯料进行退火处理
2. 翻边不齐，边缘不平	1）间隙太小 2）间隙不均 3）坯料放偏 4）凹模圆角半径不均	1）放大间隙 2）重装凸、凹模，使间隙均匀 3）修整定位板 4）修整圆角半径
3. 破裂	1）凸模与凹模之间的间隙太小 2）凸模或凹模的圆角半径小 3）坯料太硬 4）产品的工艺性差	1）放大间隙 2）加大凸、凹模的圆角半径 3）更换材料或进行热处理 4）改变凹模口的形状或高度，使该处略迟翻边，让两旁的材料在翻边过程中向该处集中 5）改善产品的工艺性

（续）

存 在 问 题	产 生 原 因	调 整 方 法
4. 侧边有较平坦的大波浪	1）凸、凹模间隙太大或间隙不均匀 2）凹（凸）模没有调到足够的深度 3）翻边高度太高	1）修整间隙 2）调整凹（凸）模的深度 3）修改冲压件设计，减小翻边高度
5. 起皱	1）凸模与凹模之间的间隙太大 2）坯料外轮廓有突变的形状 3）产品的工艺性差 4）翻边高度太高	1）减小凸、凹模之间的间隙 2）坯料外轮廓改为均匀过渡 3）改变凸模或凹模口的形状，使翻边时该处先翻边，让多余的材料经两边散开 4）降低翻边高度

五、覆盖件冲模的调试

大型覆盖件冲模的调整方法见表4-12。

表 4-12　大型覆盖件冲模的调整方法

存 在 问 题	产 生 原 因	调 整 方 法
1. 制件破裂或产生局部裂纹	1）压边力太大或不均匀 2）凸、凹模间隙太小 3）拉延筋布置不合理 4）凹模口或拉延筋槽圆角太小 5）压边面不光洁 6）润滑不足及不当 7）原材料表面粗糙，有裂口或呈锯齿状 8）材料局部拉深太大 9）毛坯尺寸太大或形状不准确	1）调外滑块螺栓，减小压边力 2）调整凸、凹模间隙，使之加大 3）重新布置拉延筋及数量 4）加大凹模口或拉延筋圆角半径 5）对压边面进行抛光 6）改进润滑方法 7）更换质量比较好的原材料 8）加大工艺切口或工艺孔 9）修整毛坯尺寸或形状
2. 制件刚性差或产生弹性畸变	1）压边力不足 2）毛坯尺寸太小 3）拉延筋少或布置不合理 4）材料变形不足	1）加大模具压边力 2）增加毛坯尺寸 3）增加拉延筋数量并重新布置，使之趋于合理 4）在制品上增加拉延筋或采用拉延槛
3. 制件产生折皱	1）压边力太小或不均匀 2）拉延筋太少或布置不合理 3）凹模口圆角半径太大 4）压边面不平，里松外紧 5）润滑油太多 6）毛坯尺寸太小 7）材质过软	1）调节外滑块螺栓加大压边力，并使其均匀 2）加多拉延筋数量并重新合理布置 3）减小凹模口圆角半径 4）修磨压边面，尽量使里紧外松 5）改善润滑条件 6）加大毛坯尺寸 7）更换硬质材料
4. 制件表面有裂纹或产生桔皮纹	1）压边面或凹模圆角处不光洁 2）镶块的接缝太大 3）板料本身有划痕 4）板料内部质量不好，晶粒太大 5）毛坯表面有杂质或模具表面不洁，润滑油太多 6）凸、凹模间隙太小或间隙不均匀 7）拉延方向选择不对，板料在凸模上相对被动	1）进行抛光、修磨 2）重新镶嵌，使接缝减小，加大密合度 3）更换表面质量好的材料 4）将材料热处理，使晶粒细化，改善质量 5）在调试时首先应清洁模具工作面及板料面 6）调整凸、凹模间隙，使之均匀 7）改变拉延方向，在拉延时将坯件固定

六、精密冲裁模的调整方法

精密冲裁模的调整与普通冲模的调试方法基本相同，其在试模过程中常出现的弊病及调整方法见表4-13。

表4-13　精密冲裁模常出现的弊病及调整方法

存在问题	产生原因	调整方法
1. 冲裁断面质量不好,比较粗糙	1)凹模模孔表面太粗糙 2)凹模圆角半径太小 3)齿圈压力不合适 4)润滑剂太少 5)材料太硬	1)在冲模间隙及形状允许的情况下,可对其凹模抛光及磨削 2)加大凹模圆角半径 3)调整齿圈压力 4)改进润滑条件 5)更换软的材料或对材料进行退火软化
2. 制件产生撕裂	1)齿圈压力太小 2)凹模圆角半径太小或不均匀 3)工件间隙、边距太小 4)齿圈太小 5)冲压材料不合适	1)加大齿圈压力 2)修整凹模圆角半径 3)加大送进步距长度或使条料加宽 4)增加齿圈高度 5)更换材料或对材料进行退火处理
3. 冲裁面断裂	冲裁间隙太大	重做凸模,使凸、凹模间隙变小
4. 冲裁面产生斜度	1)凹模圆角半径太大 2)凹模松动,固定不牢固	1)修整凹模,使凹模圆角半径变小 2)重新装配及固紧凹模
5. 制件毛刺较大	1)冲裁间隙太小或凸模刃口变钝 2)凸模进入凹模太深	1)磨削凸模及凹模使刃口锋利,并加大间隙 2)调整凸、凹模咬合深度,使之合适
6. 制件产生塌角	1)凹模圆角半径太大 2)反向压力小	1)磨削凹模,使圆角半径减小 2)加大反向压力
7. 制件不平	1)反向压力小 2)条料上油污太多	1)加大反向压力 2)去除油污
8. 制件发生扭曲变形	1)材料本身有内应力 2)定件器的顶杆位置不均或接触零件面小 3)定件器歪斜	1)设法消除材料内应力,重新进行排样 2)多加顶杆 3)定件器调整正确位置
9. 制件损坏	1)带料被卡住 2)模具内导销及其他零件使制件损坏 3)制件互相碰撞 4)制件不能及时排出模具外	1)调整检查冲模,使之送料正常 2)改进模具结构 3)利用压缩空气将制件及时排除 4)调整模具使制件及时排出模具外

【知识链接】　试验确定坯料尺寸

冲压件成形前的毛坯形状和尺寸一般可用计算或图解的方法求得。但是，这样从理论计算求得的毛坯形状和尺寸，往往不完全符合实际情况。这是因为理论的计算方法是假定板料在变形过程中料厚保持不变的条件下进行的，而实际上无论拉深、弯曲、翻边，板料的厚度都会有变化（变厚或变薄）。因此，在许多情况下，计算出来的数据要在试冲调整中经过校验和修整。特别是形状复杂的拉深件，毛坯的形状和尺寸更难精确计算，更需要在试冲中根据变形的实际情况来修整，这就是通常说的试验决定毛坯尺寸。

试验决定毛坯尺寸的工作是在理论计算的基础上进行的，其步骤大致如下：

1）按图样规定的材料牌号、料厚和计算所得的毛坯形状和尺寸做出毛坯。

2）将毛坯放在变形工序（拉深、弯曲或翻边等）冲模上进行试冲。试冲前，变形工序冲模应先制造并调整好。

3）测量试冲出来的冲压件尺寸。

4）根据冲压件的实际尺寸与图样要求尺寸之间的偏差，修改毛坯的形状和尺寸，再做出修整的毛坯。

5）重复第2~4步的内容，直至冲压件完全符合图样要求为止。最后确定的毛坯形状和尺寸，即可作为落料（冲孔或修边）模的依据。

对于形状复杂的毛坯，在制作试验尺寸用的毛坯时，每次最好制作相同的两块：一块供试冲用；另一块保留，以作为下次修改毛坯的依据。到最后试验成功时，剩下的那块就可以作为制造落料（冲孔或修边）模的样板。

为了加速试验决定毛坯尺寸的工作，制作试冲毛坯时，可制出三种不同尺寸的毛坯：一种按图样尺寸，一种略大于及一种略小于图样尺寸。这样可以同时试验两种规格的毛坯，以便迅速确定出毛坯的修改数据。

 【课题解析及评价】

【情景预演】 开始调试前，试冲出制件零件样品，并分析其质量缺陷和解决措施，准备合适的工量具和设备。为正确调试模具，做好基础工作。

【课题分析】

1）鉴定模具的质量。验证该模具生产产品的质量是否符合要求，确定该模具能否交付生产使用。

2）帮助确定产品的成形条件和工艺规程。模具通过试冲与调整，生产出合格产品后，可以在试冲过程中，掌握和了解模具使用性能，产品成形条件、方法和规律，从而对产品批量生产时的工艺规程制订提供帮助。

3）帮助确定成形零件毛坯形状、尺寸及用料标准。在冲模设计中，有些形状复杂或精度要求较高的冲压成形零件，很难在设计时精确地计算出变形前毛坯的尺寸和形状。为了得到较准确的毛坯形状、尺寸及用料标准，只有通过反复试冲才能确定。

4）帮助确定工艺和模具设计中的某些尺寸。对于形状复杂或精度要求较高的冲压成形零件，在工艺和模具设计中，对个别难以用计算方法确定的尺寸，如拉深模的凸、凹模圆角半径等，必须经过试冲，才能准确确定。

5）通过调试发现问题、解决问题、积累经验，有助于进一步提高模具设计和制造水平。

6）验证模具质量和精度，作为交付生产的依据。

【课题小结】 在本课题中，要理解模具调试的内容、技术要求，明确模具在调试过程中应注意的问题，掌握常见模具调试过程，能正确处理调试中常见问题，能熟练、正确运用方法和技巧对模具进行必要的调整，使之能达到正常生产的要求。

【课题考核】（表4-14）

表4-14　冲模调试的技术要求及评分标准

序号	项目与技术要求	配分	评 分 标 准	实测记录	得分
1	调整凸凹模刃口及其间隙	5	熟练、安全、正确操作		
2	调整导向系统	5	熟练、安全、正确操作		
3	调整卸料系统	5	熟练、安全、正确操作		
4	调整定位装置	5	熟练、安全、正确操作		
5	冲压模调试中常见问题的调整方法	20	能迅速依据出现问题找出原因，并解决问题		
6	弯曲模调试中常见问题的调试方法	20	能迅速依据出现问题找出原因，并解决问题		
7	拉深模调试中常见问题的调整方法	15	能迅速依据出现问题找出原因，并解决问题		
8	冷挤压模调试中常见问题的调整方法	15	能迅速依据出现问题找出原因，并解决问题		
9	安全文明生产	10	保证安全，违规一次扣3分		

 想想练练

 想一想：

1. 模具的试冲与调整简称为_____。_____在压力机上安装后，要通过_____对制件的_____和模具的_____进行综合考察和检测。对制件出现的各类问题进行全面、认真的分析，找出产生的_____，然后对冲模进行相应的_____和___，得到_____符合要求的制件。

2. 冲模的调试有哪些相关技术要求？

 练一练：

1. 冲压模具试冲时，凸模进入凹模的深度应分别如何控制？

2. 冲模调试要点有哪些？结合实例简要说明。

3. 在冲模调试过程中，若发现毛刺大，请分析产生原因并提出解决办法。

4. 冲裁模、弯曲模、拉深模在调试过程中可能出现哪些缺陷？

5. 简述冲压模调试中常见问题及调整方法。

课题三　冲模的维修

学习目标

了解模具零件维修方法，能对模具进行维护性修理和保养；能对模具主要零件进行简单修复；能根据实物零件损坏情况正确选择修复内容和不同的修复方法。

友情提示：本课题建议学时为 3 学时

【知识描述】

模具质量直接决定产品质量，如何延长模具使用寿命和提高精度，缩短制造周期是模具制造企业需要解决的首要技术问题，但在使用过程中模具出现塌角、变形、磨损、断裂等失效形式也不容忽视，因此对模具的维修保养也是必要的。模具修复方法很多，如电火花工艺修复、氩弧焊修复、激光堆焊技术修复、电刷镀修复等方法。

一、冲模维修与保养的内容

1）冲模技术状态鉴定。

2）冲模随机维护性修理和拆卸后修理。

3）冲模的保养。

4）冲模技术文件管理。

5）冲模的入库与发放。

6）冲模的保管方法。

7）冲模的报废处理。

8）冲模易损零件的制备。

二、冲模技术状态的鉴定

1）冲模技术状态鉴定的必要性。

冲模在使用过程中，由于冲模零件的自然磨损及冲模制造工艺不合理，冲模在机床上安装或使用不当以及设备故障等原因，都会使冲模的主要零部件失去原有的使用性能及精度，致使冲模技术状态日趋恶化，影响生产的正常使用及制品的质量。所以，在冲模管理上必须要掌握冲模的这些技术状态变化，并认真地予以处理以使冲模能始终在良好的技术状态下工作。

此外，通过冲模技术状态鉴定结果结合制品的生产数量及质量缺陷，冲模的磨损程度、冲模损坏的原因等可制订出冲模修理方案及维护方法，这对延长冲模的使用寿命，降低生产成本，提高冲模质量及技术制造水平都是十分必要的。

2）冲模技术状态鉴定的方法。

冲模的技术状态鉴定一般分两种：新模具制成和冲模修理后。冲模的技术状态是通过试模来鉴定的，在使用中的冲模技术鉴定主要是通过对制件质量状况和冲模工作状态检查来进行的。现就冲模使用过程中及使用后技术鉴定方法做一介绍，供鉴定时参考。

1. 冲模的工作性能检查

在冲模的使用过程中或使用后，应对冲模的性能及工作状态进行详细的检查，其检查的主要方法如下：

（1）冲模工作成型零件的检查　在冲模工作中或工作后，结合制件的质量情况对其凸、凹模进行检查，即检查凸、凹模是否有裂纹、损坏及严重磨损，凸凹模间隙是否均匀及其大小是否合适，刃口是否锋利（冲裁模）等。如当冲裁件发现有毛刺时，肯定是凸、凹模刃口变钝或间隙不均造成的，必须对凸、凹模做必要的修整和处理。

（2）导向装置的检查　检查导向装置的导柱、导套及导板是否有严重磨损，其配合间隙是否过大，安装在模板上是否松动。

（3）卸料装置的检查　检查冲模的推件及卸料装置的动作是否灵敏可靠，顶件杆有没有弯曲、折断，检查卸料用的橡皮及弹簧弹力大小，工作是否平稳，有无严重磨损及变形。

（4）定位装置的检查　检查定位装置是否可靠，定位销及定位板有无松动及严重磨损情况。结合制件检查时，若发现制品的外形及孔位发生变化造成质量不符合要求时，则是定位装置出了毛病，应严格检查。

（5）安全防护装置的检查　在某些冲模中，为使工作时安全可靠，一般都设有安全防护装置，如防护板等设施。检查时应着重检查其使用的可靠性，是否动作灵敏、安全。

（6）自动系统的检查　在某些自动冲模中，应检查自动系统的各零件是否有损坏，动作是否协调，能否自动正常的送料和退料。

2. 制件的质量检查

冲模的技术状态好坏直接表现在制件质量和精度上。因此，制件的质量检查是冲模技术状态鉴定的重要手段。

（1）制件质量检查的内容

1）制件形状及表面质量有无明显缺陷和不足。

2）制件各部位尺寸精度有无降低，是否符合图样规定的要求。

3）冲裁后的毛刺是否超过规定要求，有无明显的变化。拉深件侧壁有无拉毛，弯曲件的弯曲角度有无明显变化等。

（2）鉴定方法　在做冲模技术鉴定时，对制件质量的检查应分三个阶段进行：

1）制件的首件检查。制件的首件检查应在冲模完成安装在压力机上、调整后试冲时进行。即将首次冲压出的几个制件，详细检查其形状、尺寸精度，并与前一次冲模检验时的测定值做比较，以检查冲模的安装及使用是否正确。

2）冲模使用中的检查。冲模在使用过程中，应随时对制件进行质量检查，及时掌握、了解冲模在使用中的工作状态。其主要检查方法是：测量尺寸、孔位、形状精度，观察毛刺状况。通过检查，随时可以掌握冲模的磨损和使用性能状况。

3）末件检查。在冲模使用完毕后，应将最后几个制件做详细检查，确定质量状况。检查时，应根据工序性质有侧重地进行，如冲裁件主要检查外形尺寸、孔位变化及毛刺变化情况；拉深件主要检查拉深形状、表面质量及尺寸变化情况；弯曲件主要检查弯曲圆角、形状位置变化情况。通过末件质量状况检查及所冲件的数量来判断冲模的磨损状况或冲模有无修理的必要，以防止在下一次使用时引起事故或中断生产。

对冲模使用中及使用后进行检查，主要目的是确保冲模的精度，保证其在良好的工作状态下正常生产，最大限度地延长冲模的使用寿命，防止制件出现缺陷造成废品。

冲模通过性能、制件质量的两种检查，确定出冲模的技术状态良好程度，并以其为主要依据决定冲模修理及报废意见。

在做冲模技术状态鉴定时，对于每副冲模都应建立技术鉴定档案，对每一次鉴定结果填写登记卡片、处理意见及技术状态情况，以备查用，便于今后对该冲模做到正确、合理的使用。

三、冲模的随机维护性修理和拆卸后修理

冲模在使用过程中，常会发生一些故障。这时不必将冲模从压力机上卸下，可直接在压力机上进行维护性修理，以使其恢复正常工作，保证生产的正常进行。

（1）常见的随机检修内容如下

1）利用储备的冲模易损件，更换冲模在工作过程中已经损坏的零件。如在连续模中的挡块，复合模、弯曲模、拉深模中的定位销、定位板等。

2）利用油石刃磨被磨损而变钝了的凸、凹模刃口，使其变得锋利。

3）利用抛光等方法对拉深模、弯曲模、冷挤压模等进行工作零件的临时抛光，以消除因经常使用而被磨损导致制件表面质量降低的影响。

4）紧固松动了的固定螺钉及冲模其他零件。

5）更换卸料弹簧及橡胶垫等。

6）调整冲模因磨损而变大了的凸、凹模间隙及定位装置。由于长时间使用及冲击振动，定位器的位置发生变化，通过随时检查调整到合适位置。常用于多工位级进模和空调器翅片冲模中。

7）更换被损坏了的顶杆及顶料杆等。

8）更换冲模其他易损的辅助零件。

（2）常见的随机检修方法如下　冲模的随机维护性修理主要是在生产现场对冲模临时发生的故障进行维护性修整，临时更换一些比较简单的易损零件或进行临时调整，并不需要复杂的调整、研配和检验。其方法如下所述：

1）更换新件。

冲模在使用过程中，容易损坏亟须更换的零件主要包括两种：一种是通用标准零件，如内六角圆柱头螺钉、销、模柄、弹簧、橡胶垫等；另一种是冲模的易损零件，如凸模、凹模和定位装置零件。

2）修磨工作零件的工作面。

a. 当冲裁模中的凸、凹模刃口磨损的程度不大，为了减少冲模拆卸而影响定位圆柱销

与销孔的配合精度以及凸、凹模间隙，一般不必将凸、凹模拆下，可直接在压力机上用几组不同规格的油石蘸煤油在刃口面上顺着一个方向轻轻地对刀口进行刃磨，直到刃口光滑、锋利为止。

b. 对于拉深模和弯曲模的工作表面，常常因磨损而有金属微粒粘附在其表面，致使工作表面出现划痕而严重影响制品的表面质量。这时，可先用弧形油石或细砂纸，将凹模圆弧面打光，然后再用氧化铬抛光。在打光与抛光过程中，必须使凹模洞口各处光滑，在圆弧面与型腔圆柱面和凹模端面连接处，要光滑平缓过渡且没有任何棱边。若修磨后凹模圆角变大，可将凹模卸下，重新镀硬铬后再抛光，直到合适为止。

3）修复被损坏及变形的零件。

由于冲模的长期使用，某些零件在冲压力及条料的冲击、撞压下，容易产生变形甚至被损坏。如拉深模中压料板的压料面，长期接触板料及受压会失去表面的平整性，影响冲压质量，这时应将其磨平。又如在级进模中，导料板经长期使用后，很容易被条料磨损而变形，这时可将其卸下，把接触条料的面用平面磨床磨平；然后再扩大螺钉孔和销孔，重新装配后使之恢复到原来的精度。若是局部磨损，可采用补焊的方法，在磨平后继续使用。

4）紧固冲模上的松动零件。

冲模在使用过程中，由于压力机的猛烈冲击，有些零件如固定板、导料板和卸料板上的螺钉受振动而松动，致使这些零件位置发生变化而影响冲模的精度和工作性能，严重时会使冲模损坏，减少冲模使用寿命。因此在冲模工作过程中，应随时对其观察，一旦发现螺钉松动，一定要将其拧紧后再进行使用。

5）修磨受损伤的刃口。

在模具工作过程中，若冲裁模刃口出现崩刃或出现裂纹，且崩刃及裂纹不严重而冲模精度要求不高时，可用油石或风动砂轮对刃口进行修磨。用风动砂轮进行修磨时，可先用风动砂轮将崩刃或裂纹部位的不规则断面修磨成圆滑过渡的断面，然后用油石仔细研磨成锋利刃口。

6）补加润滑油。

冲模由于常期工作，因而一段时间后要在导向部位添加润滑油，以减少磨损，延长冲模寿命。

冲模的随机维护性修理是维护和保养冲模、提高冲模使用效果和延长寿命的一项重要措施。因此必须认真操作，保证质量，并要在维修后进行仔细的检查，以确保维修后的使用效果。

四、冲模拆卸后的修理

在生产中当发现冲模的主要零件损坏较为严重，随机检修已成为不可能时，要拆下模具才能进行翻修。但这种修理不能降低原设计的技术条件，修理后要保证冲模仍能稳定、有效地工作，冲出合格制件。

（1）冲模拆卸修理的方法 根据冲模损坏的程度不同，拆卸修理主要有以下两种方法：

① 镶嵌法。此法凹模零件常用，凸模相对用得较少。

② 更新法。此法凸模、导正销等零件用得较多。

（2）修理的步骤

① 修理前应擦净冲模油污，使之清洁。并在专用的模具维修工作台上，利用吊具将上、下模分开。

② 全面仔细地检查各部位，尤其是损坏部位。可以将该模具修理前冲下的最后一段完整的条料上所存在的问题作为鉴别凸、凹模问题的依据。如条料上某一部分毛刺大，则表示冲模该部分间隙太大，必须刃磨甚至更换该部分磨损了的凸模或凹模。这些工作需要仔细检查后才能做出判断。

③ 确定修理部位和修理方案。

④ 拆卸冲模。一般情况下可不拆卸的尽量不拆卸。

⑤ 更换部件或进行局部修配。

⑥ 装配、试冲与调整。

⑦ 记录修理档案和使用效果。

 【课题实施】

冲模维修分为更换凸、凹模；模具调整；刃口的修复；冲模常见的凸、凹模损坏形式及修理措施等部分。冲裁模的凸、凹模经长期使用或多次刃磨后，会使刃口部位硬度降低、间隙变大，并且刃口的高度也逐渐降低。其修复的方法应根据生产制品的数量、制品的精度要求及凸、凹模的结构特点来确定。

一、更换凸模

凸模设计制造新模具时应考虑做备件，更换方法如下：

1）将凸模固定板拆卸下来并擦干净。

2）把固定板放在等高平行垫块上，凸模应朝上。

3）用铜棒对准损坏的凸模，将它敲离固定板。

4）经固定板翻转，再用等高平行垫块垫起。

5）将新凸模工作部分朝下，并将其引入到固定板对应的型孔中，用锤子或铜棒轻轻地敲入固定板中，并压牢。

6）新更换的凸模与凹模试配，调配间隙使其符合要求，并用捻刀对凸模进一步确定位置和紧固。

7）将压合（或铆合）面用平面磨床磨平找齐后，再翻转过来，磨平凸模的刃口面，一般使其与其他凸模平面齐平。

8）总装并进一步调试，没有问题后即可使用。

对于细小又紧密的凸模更换，也可以使用低熔点合金、环氧树脂浇注等方法紧固。

二、更换凹模

1. 压印备件法

1）先把备件坯料的各部分尺寸按图样进行粗加工，并磨光上、下平面。

2）按照模具底座、固定板或原来的冲模零件把螺钉孔和销孔一次加工到规定尺寸。

3）把备件坯料紧固在冲模上，然后用铜锤敲击或用手扳压力机进行压印。

4）压印后卸下坯料，按刀痕进行锉修加工。

5）把坯料装入冲模中，进行第二次压印和锉修。

6）反复压印和锉修，直到合适为止。

2. 划印法

1）用原来的冲模零件划印，把废损的工件与坯件夹紧在一起，再沿其刃口在坯件上划出一个带有加工余量的刃口轮廓线，然后按这条轮廓线加工，最后用压印法来修正成形。

2）用压制的合格制件划印，即用原冲制的零件在毛坯上划印，然后锉修、压印成形。

3. 芯棒定位加工

带有圆孔的冲模备件为使其与原模保持同心，加工时可以用芯棒来定位加工。

4. 定位销定位加工

在加工非圆形孔时，可以用定位销定位后按原模配作加工。

5. 线切割加工

销孔、工作孔都可用线切割加工。

三、调整模具高度

1）磨削加工。当模具零件过高时，可将其背面磨低。

2）留余隙（垫片）。用留余隙来调整高低，余隙一般留在零件后部。余隙处通过垫片调整，如图4-28所示。

3）利用斜面机构微调时，可按图4-29所示进行，通过旋转微调旋钮，利用带有斜面的板重叠在一起，使其可微量升降，达到调整高度的目的。

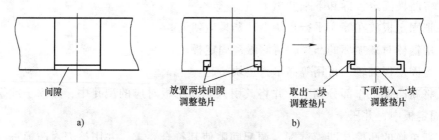

间隙　　　　　　放置两块间隙　　　　取出一块　　　下面填入一块
　　　　　　　　调整垫片　　　　　调整垫片　　　调整垫片

a)　　　　　　　　　　　　b)

图4-28　利用留余隙（垫片）调整零件高度

四、刃口修整方法

1. 用刃磨法修整刃口

冲模工作一段时间后凸、凹模刃口正常磨损，尽量以钳工修磨法为主。即在修磨时，可用几种粗细不同的油石加些煤油在刃口面上细心、一次一次地来回研磨，直到将刃口磨得光滑锋利为止。采用这种

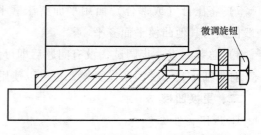

微调旋钮

图4-29　利用斜面机构微调旋钮调整零件高度

方法可以不卸下冲模，直接在压力机上刃磨，既节省时间又延长了模具的使用寿命，是一种简单有效的修磨方法。

1）对凸模和凹模进行刃磨。

2）凸模和凹模刃磨后，在其底面垫上与刃磨量相等的硬垫片，以保持原工作部分等高状态。在凹模下加垫片时，须注意不能影响冲压废料的排出或发生意外情况。

3）凸模刃磨完毕后，对卸料板的位置做相应调整，保持模具在自由状态下，凸模应缩进卸料板内 0.2~0.5mm 的规定不变，还要使卸料板对小凸模起到保护作用。

2. 用挤捻法修整刃口

对于生产量小、制品厚度又较薄的落料凹模，由于刃口长期使用及刃磨，其间隙逐渐变大。要减小变大了的间隙，可以采用锤击挤捻的方法使刃口附近的金属向刃口边缘移动，从而减少凹模孔的尺寸（或加大凸模尺寸）以达到缩小间隙的目的。其方法如下：

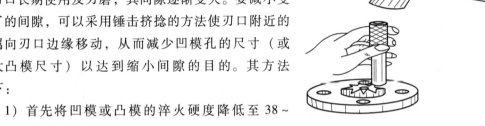

1）首先将凹模或凸模的淬火硬度降低至 38~42HRC，即在其局部加热。

图 4-30　敲击、挤捻示意

2）再用敲击面是光滑球面的锤子或端部较硬、较平整的钢棒来帮助敲击、挤捻，如图 4-30 所示。沿着刃口的边缘均匀而细心地依次进行敲打挤捻。

3）达到需要的挤出量后，再用压印的方法把刃口修整出来。

4）最后进行热处理淬硬即可使用。

3. 用嵌镶法修复刃口

嵌镶法是在冲模零件的局部损坏处，通过线切割将其损坏部分切掉一块，然后镶嵌上一块大小、形状、性能与被切割掉部分一样的新材料，再修整到原来的刃口形状及间隙值并继续使用。其方法如下：

1）将损坏了的凸、凹模进行退火处理，使硬度降低。

2）把被损坏或磨损部位割掉，用线切割或手工锉修成工字或燕尾形槽。

3）将制成的镶块嵌镶在型槽内，镶嵌要牢固，不得有明显缝隙。

4）大型镶块可用螺钉及销紧固，小型镶块可以用螺纹塞柱塞紧后，再重新钻孔修磨，如图 4-31 所示。

5）镶嵌后的镶块按图样加工成形，并修磨刃口。

6）将修整好的凸、凹模刃口重新淬硬，修整后即可使用。

4. 用焊补修复法修补裂纹及局部损坏

对于大中型冲模，当凸、凹模发现有裂纹及局部损坏时，可以利用补焊法来对其进行修补。其方法如下：

1）焊前的准备工作。将啃坏部分或崩刃部分的凹模（凸模）用砂轮磨成与刃口平面成 30°~45°的斜面，宽度视损坏程度而定，一般为 4~6mm。如果是裂纹，则可以用砂轮

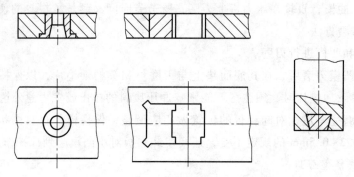

图 4-31　嵌镶法修整凸、凹模刃口

片磨出坡口，其深度应根据镶块大小而定。若是孔边缘崩刃，应按内孔直径压配一根黄铜芯棒于凹模孔内。如图 4-32 所示。

2）预热。对于 Cr12MoV、9CrSi 等材料的镶块，先按回火温度预热，加热速度为0.8~1.0mm/min，加热时间最低不应少于 45min。对于 T11 钢的小型镶块可以不预热。

3）焊补。预热的工作镶块出炉后应立即在加热炉旁进行补焊。焊接电流大小，视工件大小及焊条粗细而定，一般用直流电焊机，120A 左右。电流不能太大，太大会造成焊缝边缘及端部咬口。

4）保温。焊接后的工件，应立即放入炉内，按原温度保温 30~60min，随炉冷却到110℃ 以下出炉，空气冷却。

5）磨床磨削加工到规定尺寸。采用焊接法补焊凸、凹模时，焊条要保持干燥，否则焊缝处会出现气孔，影响使用。其电焊条应采用与基体相同的材料。

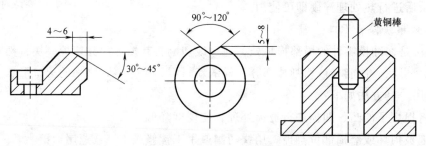

图 4-32　焊补修复法

五、修理裂纹

1. 用套箍法修理裂纹

对于凹模孔复杂、外形又不是很大的凹模，若型孔发现裂纹，可以采用套箍法将其箍紧，使裂纹不再发展，可继续使用，如图 4-33 所示。其方法如下：

1）将套箍 2 加热烧红。

2）把裂损的凹模 1 压入赤红的套箍 2 中。

3）最后冷却。

冷却后由于热胀冷缩，有裂纹的凹模就被紧紧地箍套在套箍中。由于裂纹受到套箍四周的预应力作用，在使用时则不会再顺其发展，从而可增加凹模使用寿命。

2. 加链板形箍法修理裂纹

对于大中型冲模的方形凹模，可采用图 4-34 所示的加链板形箍法修理。

1）将链板 2 加热。

2）用拉紧轴 3 把链板定位在底座上。

3）冷却后，由于链板 2 孔中心距收缩，则可由拉紧轴将裂缝紧固。

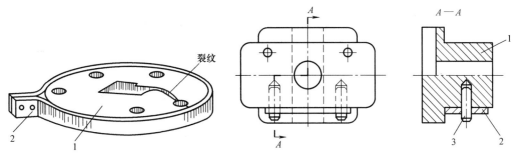

图 4-33　套箍修理法　　　　　　　图 4-34　加链板形箍法修理凹模

1—凹模　2—套箍　　　　　　　　1—凹模　2—链板　3—拉紧轴

冲模常见的凸、凹模损坏形式及修理方法见表 4-15。

表 4-15　冲模常见的凸、凹模损坏形式及修理方法

修理原因	修理方法	说　明
1. 凸、凹模之间间隙变大	1）更换凹模 2）更换凸模 3）用挤捻法修复刃口 4）镶嵌法	1）用于凹模刃口尺寸已变大的情况 2）用于凸模工作部分尺寸已变小的情况 3）将凹模刃口硬度降至 38~42HRC，即局部加热 4）主要用于刃口的局部间隙太大，可采取割去一块或补上镶嵌一块的方法
2. 凸、凹模刃口局部崩掉	1）磨削法 2）堆焊补上崩掉的部分 3）更换新的凸模	1）将崩刃的部分磨去，恢复原状。用于崩刃的面积不太大的情况，用磨削法将切削刃部分全部磨去，使其恢复原形，此时凸模变短，凹模变薄，若凹模是嵌着磨削后，用加垫片的方法保持与整体凹模齐平 2）当凸、凹模刃口局部有崩掉时，可将崩掉的部分用与凸、凹模基体材料相同的焊条堆焊补上，再按图样要求加工成精度尺寸后，进行表面退火后加工
3. 凸、凹模刃口变钝	1）用平面磨床刃磨掉变钝的部分 2）用油石研磨	1）每次研磨量不要太大，一般为 0.1mm 左右。刃磨时，每次进给量要适中，不能太深，防止将刃口硬度降低 2）用于刃口硬度变钝不太严重，模具又没拆开的情况
4. 细小凸模断	更换新的	设计制造新模具时应考虑制作备件
5. 凹模有裂纹	1）套箍法 2）焊接法 3）换新凹模	1）冷却后凹模被夹紧，使裂纹不再扩大 2）用焊接法将裂纹止住使其不再发展

【知识链接】　冲模的保养

冲模是一种比较精密而又结构复杂的工艺装备。它的制造周期较长，成本较高，生产

中又具有成套性。因此，为了保证生产的正常运行，提高制件质量，降低制件成本，延长冲模使用寿命，改善冲模的技术状态，必须对冲模进行精心的保养。冲模的维护和保养工作应贯穿在冲模的使用、冲模的修理和冲模的保管工作各个环节中。

冲模的保养，主要包括以下几个方面：

一、冲模使用前的检查

1）冲模在使用前，要对照工艺文件进行检查，所使用的冲模是否正确，规格、型号是否与工艺文件一致。

2）操作者应了解冲模的使用性能、结构特点及作用原理，并熟悉操作方法。

3）检查所使用的冲模是否完好，使用的冲压材料是否符合工艺图样要求，防止由于原材料质量不好而损坏冲模。

4）检查所使用的设备是否合理，如压力机的行程、压力机吨位、落料孔大小是否与所使用的冲模配套。

5）检查冲模在压力机上的安装是否正确，上模板、下模板是否紧固在压力机上。

二、冲模使用过程中的检查

1）开机前一定要检查冲模内外有无异物，所冲的毛坯、板料是否干净、整洁。

2）操作现场一定要清洁，工件要摆放整齐。

3）冲模在试冲后的头几件制品要按图样仔细检查，合格后再正常开机批量生产，以防冲模一开始就"带病"工作。

4）冲模在使用中要遵守操作规则，防止乱放、乱砸、乱碰。

5）在工作中要随时检查冲模运转情况，发现异常现象要及时进行维护性修理。

6）要定时对冲模的工作件表面及活动配合处进行表面润滑。

三、冲模使用后的检查

1）冲模使用后要按操作规程正确地从压力机卸下，不能乱拆、乱卸，致使冲模损坏。

2）拆卸后的冲模要擦试干净，并涂油防锈。

3）冲模的吊运应稳妥，慢起、慢放。

4）选取冲模停止使用后的几个零件进行全面检查，以确定检修与否。

5）检查冲模使用后的技术状态情况，如螺钉松后要拧紧，并完整、及时地送入指定地点存放。

四、冲模的检修养护

1）要定期根据冲模技术状态进行检修，以保持冲模的精度，使其工作性能始终处于良好状态。

2）一定要按检修工艺进行检修，检修后要进行调整、试冲及做技术状态鉴定。

五、冲模的存放

1）冲模入库时要进行认真仔细的检查，并做好冲模技术性能鉴定。

2）在保管冲模时，必须进行分类保管，建立健全的保管档案。

3）所使用的冲模最好由专人保管。

4）存放冲模的地点或库房，一定要干燥且通风良好。

5）常期不用的冲模一定要定期擦拭、涂油，防止生锈。

 【课题解析及评价】

【情景预演】　操作员开始生产前，首先需要根据模具损耗、损坏情况做好冲模技术状态鉴定，选择合适的维修方法和维修工具。

【课题解析】　在使用过程中模具出现塌角、变形、磨损、断裂等失效形式也不容忽视，对模具的维修保养也是必需的。模具修复方法很多，除常规方法外，还有电火花工艺修复、氩弧焊修复、激光堆焊技术修复、电刷镀修复等方法。

【课题小结】　本课题主要介绍了冲压模具维修、保养操作的基本方法和操作技巧。通过学习，能根据模具在制造、试冲或生产过程中出现的损耗、损坏，及时地对模具进行适当的维修和保养，提高模具的使用寿命和精度。

【课题考核】　（表 4-16）

表 4-16　冲模维修评分

序号	项目与技术要求	配分	评分标准	实测记录	得分
1	更换凸模	15	熟练、安全、正确操作		
2	更换凹模	15	熟练、安全、正确操作		
3	调整模具高度	15	熟练、安全、正确操作		
4	刃磨法修整刃口	15	熟练、安全、正确操作		
5	镶嵌法修复刃口	15	熟练、安全、正确操作		
6	调整凸凹模刃口及间隙	15	熟练、安全、正确操作		
7	安全文明生产	10	保证安全，违规一次扣3分		

 【知识拓展】　冲模的保管

一、冲模管理方法

冲模的管理方法应该是：帐、物、卡相符，分类进行管理。

1. 模具管理卡

模具管理卡是指记载模具号和名称、模具制造日期、制造单位、制品名称、制品图号、材料规格型号、零件草图、所使用的设备、模具使用条件、模具加工件数及质量状况的记录卡片，有些还记录有模具技术状态鉴定结果及模具修理、改进的内容等。模具管理卡一般挂在模具上，要求一模一卡。在冲模使用后，要立即填写工作日期、制件数量及质量状况等有关事项，与模具一并交库保管。模具管理卡一般用塑料袋存放，以免长期使用造成损坏。

2. 模具管理台账

模具管理台帐是对库存全部模具进行总的登记与管理，主要记录模具号及模具存放、保管地点，以便使用时及时取存。

3. 模具的分类管理

模具的分类管理是指模具应按其种类和使用机床分类进行保管，也有的是按制件的类别分类保管，一般是按制件分组整理。如一个冲压制品，分别要经过冲裁、拉深、成形三个工序才能完成，这样可将这三个工序使用的冲裁（落料）模、拉探（多次拉深）模、成形模等一系列冲模统一放在一起管理和保存，以便在使用时很方便地存取模具，并且根据制件情况进行维护和保养。

在冲压生产中，按上述方法应经常对库存冲模进行检查，使其物、账、卡相符，若发现问题，应及时处理，防止影响正常生产。管理好模具对改善模具技术状态，保证制品质量和确保冲压生产顺利进行至关重要。因此，必须认真做好这项工作，它也是生产经营管理的一项重要内容。

二、模具入库发放的管理办法

模具的保管应使模具经常处于可使用状态。为此，模具入库与发放应做到以下几点：

1）入库的新模具，必须要有检验合格证，并要带有经试模或使用的几件合格制品。

2）在使用后的模具若需入库进行重新保管，一定要有技术状态鉴定说明，确认下次是否还能继续使用。

3）经维修保养恢复技术状态的模具，经自检和互检确认应是合格能使用的模具。

4）经修理后的模具，须经检验人员验收合格后并带有试件。

不符合上述要求的冲模，一律不允许入库，以免鱼目混珠，防止模具在下次使用时造成不应有的损失。冲模的发放须凭生产指令即按生产通知单，填写产品名称、图号、模具号后方可发放使用。如有的工厂以生产计划为准，提前做好准备，随后由保管人员向调度（工长）发出"冲模传票"，表示此模已具备生产条件。工长再向冲模使用（安装）人员下达冲模安装任务，安装工再向库内提取传票所指定的冲模进行安装使用。这是因为大批量生产条件下，每日复制、修理冲模较多，如果不加以控制乱用、乱发放，会使几套复制模都处于修理状态，使维修和生产都处于被动，给生产带来影响。因此，需要模具管理人员有强烈的责任心和责任感，对所保管的模具要做到心中有数，时刻掌握每套模具技术状态情况，以保证生产的正常进行。

三、模具的保管方法

在保管模具时，要注意以下几点：

1）储存模具的模具库，应通风良好，防止潮湿，便于存放及取出。

2）储存模具时，应分类存放并摆放整齐。

3）对于小型模具应放在架上保管，大、中型模具应放在架底层或进口处，底面应垫以枕木并垫平。

4）模具存放前，应擦拭干净，并在导柱顶端的储油孔中注入润滑油后盖上纸片，防止灰尘及杂物落入导套内影响导向精度。

5）在凸模与凹模刃口及型腔处，导套导柱接触面上涂以防锈油，以防长期存放后生锈。

6）模具在存放时，应在上、下模之间垫以限位木块（特别是大、中型模具），以避免卸料装置长期受压而失效。

7）模具上、下模应整体装配后存放，不能拆开存放，以免损坏工作零件。

8）对于长期不使用的模具，应经常检查其保存完好程度，若发现锈斑或灰尘应及时处理。

四、模具报废的管理办法

模具报废的管理，应按下述规定进行：

1) 凡属于自然磨损而又不能修复的模具，应由技术鉴定部门写出报废单，并注明原因及尺寸磨损变化情况，经生产部门会签后办理模具报废手续。

2) 凡磨损坏的模具，应由责任者填写报废单，注明原因，经生产部门审批后办理报废手续。

3) 由图样改版或工艺改造使模具报废的，应由设计部门填写报废单，写明改版后的图号及原因，经工艺部门会签后按自然磨损报废处理。

4) 新模具经试模后或签定不合格而无法修复时，应由技术部门组织工艺人员、模具设计、制造者共同进行分析后，找出报废原因及改进办法后，再进行报废处理。

五、易损件库存量的管理

冲模经长期使用会使工作零件及辅助零件磨损及损坏，所以为了使模具损坏后能迅速恢复到原来的技术状态，缩短修理周期，在工厂备件库中贮备一定数量的易损件是完全必要的，但库存量不宜过大。如果某易损件消耗量较大，应分析原因，采取措施，不要盲目扩大库存。

对于常用的易损件，除贮备一定数量做到及时更换外，还必须采取措施，使其适应生产上的需要。如对于容易损坏的零件，应改用韧性特别高的模具材料；对于容易磨损的零件，应采用耐磨的优质合金钢及硬质合金材料制作。

此外，为了避免由于备件管理不善而影响生产或由于供应不及时而造成生产停歇，则对每副模具应确定出易损件种类，在库中至少备有 2~3 个备用件，以保证生产能正常进行。

【想想练练】

想一想：

一、填空题

1. 模具清洁方法：先用_____清洗模具污物，再用_____吹扫，最后用_____擦干。

2. 试冲时，根据使用要求确定数量。一般小型模具不少于_____件，硅钢片不少于_____件，自动冲模连续时间不少于_____ min。

3. 模具使用过程中常出现_____、_____、_____甚至_____等失效形式。

4. 对于无导向冲模，为了使间隙均匀，可以在凹模刃口周围衬以_____或_____进行调整，也可以使用_____及_____方法在压力机上调整。

5. 冲模维修分为_____、_____、_____、冲模常见的凸、凹模损坏形式及修理措施等几部分。

二、判断题（正确在括号里打√，错误打×）

1. 冲压件毛刺大且光亮带小，圆角大，是冲裁间隙过小。　　　　　　（　　）

2. 毛坯边缘有毛刺导致拉深件边缘呈锯齿状。　　　　　　　　　　　（　　）

3. 条料上某一部分毛刺大，则表示冲模该部分间隙太大。　　　　　　（　　）

三、选择题

1. 安装后，冲模上、下工作零件应正确吻合，且深浅适当，对于冲裁模冲裁厚度小于 2mm 时，凸模进入凹模深度不要超过（　　　）；硬质合金模具不超过（　　　）。

A. 2mm　　　　　　B. 0.8mm　　　　　　C. 1mm　　　　　　D. 0.5mm

2. 对于细小又密集的凸模更换，也可以使用（　　　）、（　　　）等方法紧固。

A. 低熔点合金　　　B. 环氧树脂　　　　　C. 焊接　　　　　　D. 铆接

四、简答题

1. 冲模维修常用的维修设备及工具都有哪些？分别有何用途？

2. 对于凸、凹模刃口的维修都有哪些方法？

3. 模具在使用和保管中应注意哪些问题？

4. 简述模具维修中的一些常用方法和针对各类不同模具特点的特殊方法。

5. 冲模刃口的修整方法有哪些？

6. 简述冲模维修与保养的内容。

7. 简述冲裁模的工作过程。

8. 调整拉深模拉深阻力的方法是什么？

 练一练：

1. 更换凹模和凸模。

2. 用锻打法修复刃口。

3. 用红热镶嵌法修复凹模。

单元五 注射模的装配

学习目标

　　能独立正确进行塑料模具的装配；熟悉塑料模具装配的一般流程及步骤，熟悉模具装配过程中的装配关系；掌握塑料模零件修磨、配作加工、抽芯机构的装配等相关技能；能编制塑料模具装配方案；能独立完成简单塑料模具的装配并符合技术文件要求。

 友情提示：本课题建议学时为 3 学时

 【知识描述】

　　根据模具装配图和规定的技术要求，将模具的零部件按照一定工艺顺序进行配合和连接，使之成为符合设计要求的模具的过程，称为模具装配。装配的过程可分为构件装配、部件装配和总装。

　　模具装配主要训练操作者的综合技能。除了对操作者的各项技能是一个很好的锻炼外，同时也考验操作者解决问题的能力。在装配过程中会出现无法预见的问题，解决处理这些问题的过程对操作者综合能力的培养非常有意义。

　　本任务以一套简单塑料模具为例，介绍模具的装配步骤和常用的方法，以及在装配过程中常用的加工方法；并列举出在装配过程中常遇见的问题，及针对这些问题的解决方法。

【课题实施】　　**塑料模具主要部件的装配**

　　1. 型芯的装配方法

　　型芯、型腔的装配在塑料模具装配中至关重要，正确、合理地安装型芯、型腔是保证模具正常工作、延长模具使用寿命的保障。常见型芯的装配方法见表 5-1。

表 5-1　常见型芯的装配方法

装配方法	图　示	说　明
压入固定法	（图示） 1—型芯　2—固定板	采用压入式固定，与压入式凸模装配的方法相同,采用过渡配合方式,一般用于圆形小型芯

（续）

装配方法	图　示	说　明
螺纹连接	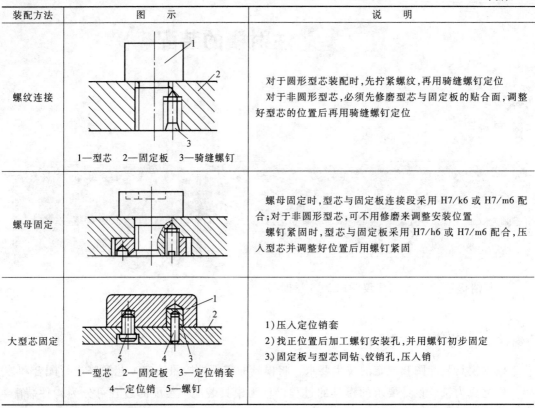1—型芯　2—固定板　3—骑缝螺钉	对于圆形型芯装配时,先拧紧螺纹,再用骑缝螺钉定位 对于非圆形型芯,必须先修磨型芯与固定板的贴合面,调整好型芯的位置后再用骑缝螺钉定位
螺母固定		螺母固定时,型芯与固定板连接段采用 H7/k6 或 H7/m6 配合;对于非圆形型芯,可不用修磨来调整安装位置 螺钉紧固时,型芯与固定板采用 H7/h6 或 H7/m6 配合,压入型芯并调整好位置后用螺钉紧固
大型芯固定	5　4　3 1—型芯　2—固定板　3—定位销套 4—定位销　5—螺钉	1)压入定位销套 2)找正位置后加工螺钉安装孔,并用螺钉初步固定 3)固定板与型芯同钻、铰销孔,压入销

2. 型腔的装配

塑料模型腔多采用镶嵌式或拼块式。装配后要求动、定模板分型面接合紧密、无缝隙,且与模板平面一致或高出模板平面 0.5~1mm。型腔的装配方法见表 5-2。

表 5-2　型腔的装配方法

装配方法	图　示	说　明
整体镶嵌式		压入斜度设在模板孔入口处 型腔与模板之间应保持 0.01~0.02mm 的配合间隙,对非圆形型腔,在装配过程中应调整好位置 装配后,配钻铰销孔,打入止转销,然后与模板一起磨平上、下端面
拼块式	F 1 2 3 5　4 1—平垫板　2—模板　3—等高垫板　4、5—型腔拼块	型腔拼合面在热处理后进行磨削加工。拼块两端都应留有加工余量,待装配完毕后,再将两端和模板一起磨平

型腔、型芯装配后要查看装配是否合理，装配间隙是否适当。要检查型腔板和型芯板的闭合情况。

3. 浇口套的装配

浇口套与定模板一般采用 H7/m6 配合，要求装配后浇口套与模板配合孔紧密、无缝隙，浇口套和模板孔的台肩应紧密贴合，浇口套要高出模板平面 0.02mm。浇口套压入端不允许设置压入斜度，应磨成小圆角，浇口套装配方法如图 5-1 所示。

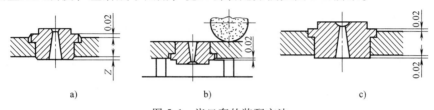

图 5-1　浇口套的装配方法

a）压入后的浇口套　b）修磨浇口套　c）装配好的浇口套

4. 推出机构的装配

推出机构的装配包括推杆的装配和复位杆的装配。推出机构的正确安装保证了零件的顺利推出，其装配要求运动灵活，无阻滞。推杆在固定板孔内每边留 0.5mm 的间隙，推杆工作端面应高出型面 0.05 ~ 0.1mm，复位杆的端面应低于型面 0.02 ~ 0.05mm，推杆能在合模后自动复位，如图 5-2 所示。

推出机构的装配顺序：

1）导柱 5 垂直压入支承板 9，磨平端面。

2）将装有导套的推杆固定板 7 套装在导柱上，并将推杆 8、复位杆 2 穿入推杆固定板 7、支承板 9 和型腔镶板 11 的配合孔中，盖上推板 6，用螺钉拧紧，调整后使推杆、复位杆能灵活运动。

图 5-2　推出机构的装配

1—螺母　2—复位杆　3—垫圈　4—导套　5—导柱
6—推板　7—推杆固定板　8—推杆　9—支承板
10—型腔镶板　11—型腔镶件

3）修磨推杆和复位杆的长度。如果推板和垫圈 3 接触时，复位杆、推杆低于型面，则修磨导柱的台肩和支承板的上平面，如果推杆、复位杆高于型面，则修磨推板 6 底面。

5. 导向机构的装配

塑料模具如果采用标准模架，导柱、导套部分已经安装好；如果采用自制模架，则必须自己装配完成。导柱导套的配合公差一般为 H7/f7 或 H7/e8。导柱和导套的压入部分外径公差为 k6 或 m7。装导柱和导套的孔公差为 H7。导柱和导套安装孔的中心距误差一般小于 0.01mm，自制导柱导套可以采用配作加工方法。

模板上导柱、导套孔加工时间的确定可以分为两种情况，见表 5-3。

表 5-3 导柱、导套安装孔加工时间

加工时间	适用情况	说　明
在型腔型芯固定孔未修正之前加工	1）动、定模板上都有型腔镶块 2）注射模具带有侧抽芯机构 3）装配时很难找到相对位置的不规则立体形状的型腔 4）动、定模板上的型芯、型腔镶件之间未正确配合	先加工导柱、导套安装孔，装配到一起后，再加工或精加工动、定模板上的其他孔，能有效保证孔的相对位置 　对于基准不明确的的结构，如多方向多斜滑块结构等，可以先装好导柱、导套，协助定位
在动、定模修正装配完成后加工导柱、导套孔	1）定模型腔不用镶块，或镶块与动膜上的型芯尺寸不同 2）卸料板与型腔有配合要求 3）小型芯需穿入定模镶块孔中	型腔与型芯镶块尺寸不同，无法利用导柱、导套的配合去加工 　另一种情况是型芯与型腔镶块或其他零件还有配合要求的情况

压入导柱、导套的注意事项如下：

1）导柱、导套之间应滑动灵活。

2）压入导套时，应校正垂直度，随时注意防止偏斜。

3）压入导柱时，根据长短采用不同方法。压入短导柱时，如图 5-3 所示。压入长导柱时借助导套定位，如图 5-4 所示。

4）压入导柱时，应先压入距离最远的两个导柱，并试一下启模和合模时是否灵活，如发现卡滞现象，用红粉涂于导柱表面后，开闭模具，观察卡住部位，然后退出导柱调整垂直度后再压入。

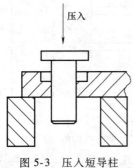

图 5-3　压入短导柱

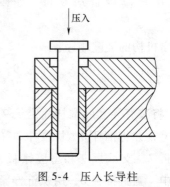

图 5-4　压入长导柱

各部件装配技术要求见表 5-4。

表 5-4　部件装配技术要求

项目	技术要求
成形零件及浇注系统	1）成形零件的浇注系统表面应光洁、无塌坑、伤痕等 2）成形零件的尺寸精度应符合图样规定的要求 3）型腔在分型面、浇口及进料口处应保持锐边，一般不得修成圆角 4）应保证各飞边不影响工件正常脱模
推出机构零件	1）开模时推出部分应保持顺利脱模，以方便取出工件及浇注系统凝料 2）各推出零件要动作平稳，不得出现卡滞现象 3）模具稳定性要好，应有足够的强度，工作时受力要均匀
导向机构	1）导柱、导套要垂直于模座 2）导向精度要达到图样要求的配合精度，能对定模、动模起到良好的导向、定位作用

（续）

项目	技 术 要 求
斜锲及活动零件	1）各滑动零件的配合间隙要适当,起止位置定位要正确,镶嵌紧固零件应安全可靠 2）活动型芯、推出及导向部位运动时,滑动要平稳,动作灵活可靠,相互协调,间隙要适当,不得有卡滞及发涩等现象
锁紧及紧固零件	1）锁紧作用要可靠 2）各紧固螺钉要拧紧,不得松动

塑料模具装配是塑料模具制造过程中很重要的环节，正确的装配不仅保证了模具正常使用，而且可以有效提高模具的使用寿命。现以单分型面模具为例，讲解模具装配的一般过程和方法，如图 5-5 所示。

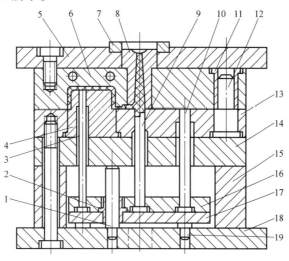

图 5-5　塑料模具装配图

1—推板导柱　2—推板导套　3—推杆　4—型芯　5—定模座板　6—定模固定板　7—定位圈
8—浇口套　9—拉料杆　10—复位杆　11—导套　12—导柱　13—动模固定板　14—支承板
15—垫块　16—推杆固定板　17—推板　18—动模座板　19—螺钉

（1）装配准备与要求

1）确定装配基准。

2）装配前要对零件进行测量，合格零件必须去磁并将零件擦拭干净。

3）各模板的平行度要校验修磨，以保证模板组装密合，分型面处吻合面积不得小于80%，间隙不得超过溢料最小值，防止产生飞边。

4）装配中尽量保持原加工尺寸的基准面，以便总装合模调整时检查。

5）组装导向系统，并保证开模、合模动作灵活，无松动和卡滞现象。

6）组装修整顶出系统，并调整好复位及顶出位置等。

7）组装修整型芯、镶件，保证配合面间隙达到要求。

8）组装冷却或加热系统，保证管路畅通，不漏水、不漏电、阀门动作灵活。

9）组装液压或气动系统，保证运行正常。

10）紧固所有连接螺钉，装配定位销。

11）试模合格后打上模具标记，如模具编号、合模标记及组装基面等。

12）最后检查各种配件、附件及起重吊环等零件，保证模具装备齐全。

（2）装配流程及步骤　本任务以单分型注射模具为例，其基本装配流程如图5-6所示。

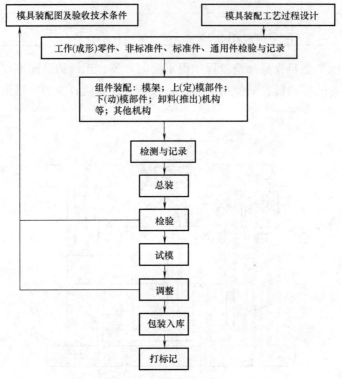

图5-6　注射模具装配流程

在进行总装前，定模、动模型芯及动模固定板型孔都已加工并完成精修。如果采用的是标准模架，则不需要配作导柱、导套孔及安装工作，本例采用自制模架。

具体部件装配步骤如图5-7所示。

（3）试模常见缺陷及解决方法　装配完成后要进行试模，试模中易产生的问题及解决方法见表5-5。

表5-5　塑料模具试模常见问题及解决方法

注射模装配缺陷	产 生 原 因	调 整 方 法
模具开闭、顶出、复位动作不顺	1）模架导柱、导套滑动不顺,配合过紧 2）斜顶、顶针滑动不顺 3）复位弹簧弹力或预压量不足	1）修配或者更换导柱、导套 2）检查并修配斜顶、顶针配合 3）增加或者更换弹簧
模具与注射机不匹配	1）定位环位置不对,尺寸过大或过小 2）模具宽度尺寸过大；模具高度尺寸过小 3）模具顶出孔位置、尺寸错误；强行拉复位孔位置、尺寸错误	1）更换定位环；调整定位环位置尺寸 2）换吨位大一级注射机；增加模具厚度 3）调整顶出孔位置、尺寸,调整复位孔位置、尺寸
制件难填充、难取件	1）浇注系统有阻滞,流道截面尺寸太小,浇口布置不合理,浇口尺寸小 2）模具的限位行程不够,模具的抽芯行程不够,模具的顶出行程不够	1）检查浇注系统各段流道和浇口,修整有关零件 2）检查各限位、抽芯、顶出行程是否符合设计要求,调整不符合要求的行程

（续）

注射模 装配缺陷	产 生 原 因	调 整 方 法
模具运水 不通或漏水	1）模具运水通道堵塞，进出水管接头连接方式 错误 2）封水胶圈和水管接头密封性不够	1）检查冷却系统进出水管接头连接方式及各段 水道，修整有关零件 2）检查封水胶圈和水管接头，修整或更换有关零件
制件质量不好： 有飞边，有缺料， 有顶白，有拖花， 变形大，级位大， 熔接线明显	1）配合间隙过大 2）走胶不畅，困气 3）顶针过小，顶出不均匀 4）斜度过小，有毛刺，硬度不足 5）注射压力不均匀，产品形态强度不足 6）加工误差 7）离浇口远，模温低	1）合理调整间隙及修磨工作部分分型面 2）局部加胶，加排气 3）加大顶针，均匀分布 4）修毛刺，加斜度，氮化 5）修整浇口，压力均匀，加强产品强度 6）重新加工 7）改善浇口，升高模温

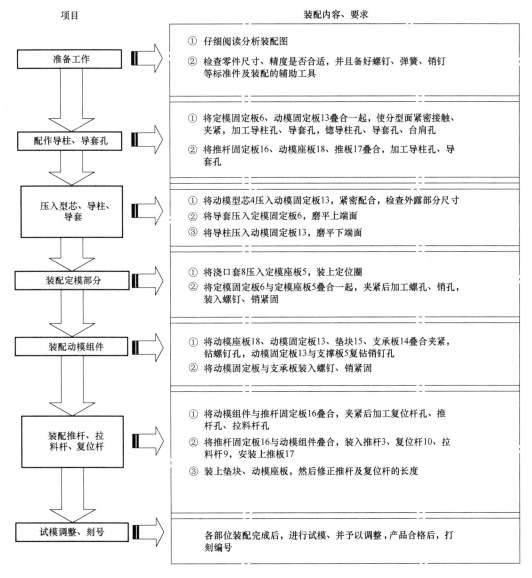

图 5-7 装配步骤

【知识链接】 配合公差

配合公差（或间隙公差）：间隙允许的变动量，它等于最大间隙与最小间隙之代数差的绝对值，也等于互相配合的孔公差带与轴公差带之和。

1）间隙配合。

间隙配合：孔的公差带完全在轴的公差带之上，即具有间隙的配合（包括最小间隙等于零的配合）。

2）过盈配合。

过盈配合：孔的公差带完全在轴的公差带之下，即具有过盈的配合（包括最小过盈等于零的配合）。

3）过渡配合。

过渡配合：在孔与轴的配合中，孔与轴的公差带互相交迭，任取其中一对孔和轴相配，可能具有间隙配合，也可能具有过盈配合。

【课题解析及评价】

【情景预演】 一套塑料模具零件已加工完毕，操作员需要进行装配调试。操作员须备齐常用装配工具，将待装配模具零件摆放整齐，认真阅读模具装配图及技术要求，观察分析模具零件及模具工作原理，完成装配并进行调试。

【课题解析】 在装配过程中应认真阅读模具装配图及技术要求，观察模具零件，分析工作原理；放置、安装模具主要零部件一定要小心，以免损伤零件表面。分析零件结构确定装配顺序，部分结构的装配方法，可能出现的问题等，并制订装配方案。

【课题小结】 通过该课题可以了解塑料模具的装配步骤，掌握一般的装配方法、装配技巧等。在此基础上加深对模具零件的了解及结构的认识。同时，对于装配过程中的安全问题、对模具重要零件的保护等都有一定的涉及。

【课题考核】（表5-6）

表5-6 塑料模具装配评分

序号	项目与技术要求	配 分	评分标准	实测记录	得 分
1	装配工具的使用	15	熟练、安全、正确操作		
2	装配过程	15	正确、合理操作		
3	浇口套的安装	15	正确安装，无损坏		
4	定模装配	15	定位准确，无磕碰、划痕等		
5	动模装配	20	推出机构运行平稳，无卡死现象，推杆平面与型腔表面符合要求		
6	整洁	10	零件及工作台面摆放整齐		
7	安全文明生产	10	保证安全，违规一次扣3分		

【知识拓展】　热流道模具

热流道模具是利用加热装置使流道内熔体始终不凝固的模具。因为它比传统模具成形周期短，且更节约原料，所以热流道模具在当今世界各工业发达国家和地区均得到极为广泛的应用。我国的热流道模具的数量正在快速增长，比例不断提高。

典型的热流道系统均由如下几大部分组成，如图5-8所示。

1）热流道板：在一模多腔或者多点进料、单点进料但进料位偏置时采用。

2）喷嘴：分为开放式热喷嘴和针阀式热喷嘴。

3）温度控制器：包括主机、电缆、连接器和接线公母插座等。

4）辅助零件：包括加热器和热电偶、流道密封圈、接插件及接线盒等。

优点如下：

1）缩短制件成形周期。因没有浇道系统冷却时间的限制，制件成形固化后便可及时顶出。许多用热流道模具生产的薄壁零件成形周期可在5s以下。

2）节省塑料原料。在纯热流道模具中因没有冷浇道，所以无废料产生。因此热流道技术是减少费料、降低材料费的有效途径。

3）减少废品，提高产品质量。在热流道模具成形过程中，塑料熔体温度在流道系统里得到准确地控制。塑料以更为均匀一致的状态流入各型腔，其结果是品质一致的零件。并且消除后续工序，有利于生产自动化。制件经热流道模具成形后即为成品，无须修剪浇口及回收加工冷浇道等工序，有利于生产自动化。

缺点如下：

1）模具成本上升。因为热流道元件价格比较贵，热流道模具成本可能会大幅度增高。如果零件产量小，则模具工具成本比例高，经济上不划算。

2）热流道模具制作工艺设备要求高。热流道模具需要精密加工机械作为保证。热流道系统与模具的集成与配合要求极为严格，否则模具在生产过程中会出现很多严重问题。

3）操作维修复杂。与冷流道模具相比，热流道模具操作维修复杂，如使用操作不当极易损坏热流道零件，使生产无法进行，造成巨大经济损失。

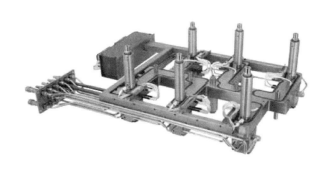

图5-8　热流道系统

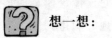【想想练练】

想一想：

1. 模具装配的工艺方法有互换法、修配法和调整法。目前模具装配以_____及为主，_____应用较少。

2. 注射模浇口与定模板的装配，一般采用_____配合。

3. 常用模具零件的固定方法有机械固定法、_____、_____。

练一练：

1. 型腔模最后的精整抛光一般安排在什么时候？

2. 为什么注射模都要设置复位杆？

3. 塑料模脱模方式有哪几种？

4. 装配时，在什么情况下采用配作加工？

5. 热流道模具与冷流道模相比有什么优点？

单元六　注射模的安装、调试与维护

课题一　注射模的安装

学习目标

了解常用注射机的种类、结构特征，以及操作准则；掌握模具的安装方法和步骤；能团队合作完成一套塑料模具的安装；独立解决安装过程中遇到的问题，并正确安装中小型塑料模具；能独立完成塑料模具的安装。

友情提示：本课题建议学时为 2 学时

【知识描述】

塑料制品在现代工业中占有重要地位，其中注射制品的产量占 35% 左右。注射模在设计、加工和装配完毕后，为了保证模具和产品的质量，必须把模具安装在注射机上进行调整与调试。所以，注射模的正确安装是一项重要的工作，它直接关系到模具设计是否合理，模具加工精度和注射制品的质量。本节就来介绍注射模的安装。

本任务是将一套小型模具安装到卧式注射机上。

【知识链接一】　模具的一般吊装方法

模具的吊装方法一般可分为整体吊装和分体吊装，它们的共同点在于吊装过程中首先对定模进行安装定位，再对动模进行初定位，在对动模进行准确定位之后再将其紧固。同时，在安装过程中还应对锁模机构、推杆顶出距离、喷嘴与浇口套相对位置、冷却水路及加热系统等做相应的调整，最终保证空载运转时各部位运动正常，并保证安全。

1. 小型模具的安装

小型模具一般采用整体吊装，先在机器下面两根导柱上垫好木板，将模具从侧面装进机架间，定模装入定位孔并摆正位置，慢速闭合模板，压紧模具。然后用压板及螺钉压紧定模，初步固定动模；再慢速开启模具，找准动模位置，在保证开闭模具时平稳、灵活、无卡紧现象后再固定动模。

2. 大中型模具的安装

吊装大中型模具时，一般可分为整体吊装和分体吊装两种。要根据具体吊装条件确定吊装方法。

整体吊装与小型模具的安装方法相同。应注意：如有侧型芯滑块，则模具吊装时应处于水平方向滑动，不能倒装。

分体吊装大型模具时常用分体安装法。先把定模从机器上方吊入机器间，调整好方位后，将定位圈装入定位孔并放正，压紧定模；再将动模部分吊入，找正动定模的导向、定位机构后，与定模相合，点动合模，并初步固定动模；然后慢速开合模具数次，确认定模与动模的相对位置准确对合后，紧固动模。对设有侧型芯滑块的模具，应使滑块处于水平方向滑动为宜。

 安全提醒：

在吊装模具时应注意安全，两人以上操作时，必须统一行动，相互呼应。模具紧固应平稳可靠，压板要放平，不得倾斜，否则无法压紧模具。安装模具时，模具会落下，要注意防止合模时动模压板和定模压板以及推板和动模板相撞。

 【知识链接二】 注射机的相关知识

1. 注射机操作准则

1）保持注射机及四周环境清洁；注射机四周空间尽量保持畅通无阻；熔胶筒周围无杂物，如胶粒等；地面上无水、无油污。

2）操作之前，检查手动、半自动、全自动操作按钮、紧急按钮是否失灵，以及各动作是否正常。

3）机器运转操作期间，执行各动作操作时，不能用手触摸机械运动部分，以免夹手或伤手。试机注射时，尽量离开机台一定的距离，以免被注射时飞溅物伤及身体。

4）操作时，要关好安全门，不要乱按各行程开关和安全开关。

5）生产完毕后，要把锁模部分、射台部分调整到相应的位置。

6）清理机台上的杂物，进行模具和设备的维修保养。

2. 常用注射机类型及特点

（1）按外形结构分

1）立式注射机：注射装置和合模装置的轴线呈一直线垂直排列。立式注射机具有占地面积小，模具拆装方便，易于安装嵌件等优点。单制件顶出后需用手工或其他方式取走，不易实现自动化操作；且立式注射机重心高、稳定性差，操作和维修也不方便，常用于注射量小的注射产品，如图 6-1 所示。

2）直角式注射机：注射装置和合模装置的轴线互相垂直排列，其特性介于立式和卧式注射机之间。由于直角式注射机注射时，熔料是从模具侧面进入型腔的，特别适用于中心不允许留有浇口痕迹的塑料制品，如图 6-2 所示。

图 6-1　立式注射机

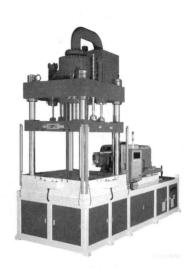

图 6-2　直角式注射机

3）卧式注射机：注射装置和合模装置的轴线呈一直线水平排列。卧式注射机具有重心低，稳定性好，便于操作和维修的特点。成形后顶出制品可自动落下，便于实现自动化操作。但生产镶嵌件的模具较为麻烦。卧式注射机是目前国内外注射机中最基本的类型，如图6-3 所示。

图 6-3　卧式注射机

（2）按注射装置的结构形式分

1）柱塞式注射机：柱塞式注射机使用的是柱塞式注射装置，主要由料斗、加料计量装置、塑化部分（包括机筒、分流梭、注射柱塞和喷嘴等）、注射液压缸、注射座移动液压缸等组成，要有料斗、塑化装置（包括机筒、螺杆、喷嘴等）、螺杆传动装置，如图6-4 所示。

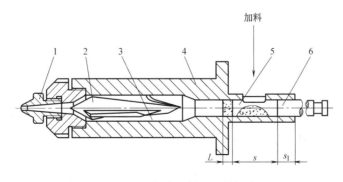

图 6-4　柱塞式注射机注射部分

1—喷嘴　2—分流梭　3—加热室　4—机筒　5—加热室　6—柱塞

2）往复式螺杆注射机：往复式螺杆注射机使用的是螺杆注射装置，由注射液压缸、注射座和注射座移动液压缸、加热装置等组成，如图 6-5 所示。

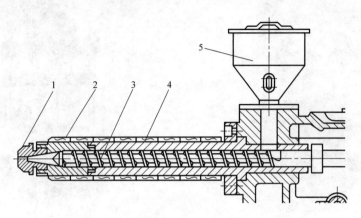

图 6-5　往复螺杆式注射机注射部分

1—喷嘴　2—加热器　3—螺杆　4—机筒　5—料斗

【课题实施】

注射模的安装包括对注射模动模、定模的安装定位，一般是通过自身结构与注射机配合。动模的安装定位需要依靠已经固定连接的定模部分，并通过注射模动模、定模导向装置来进行安装定位。模具动模、定模部分的连接紧固一般是通过螺钉或压板、垫块来实现。

1. 安装前准备

首先接通电源，启动注射机，使动模板、定模板处于开启状态。清理模板平面及定位孔，模具安装面上的污物、毛刺等。

选择合适的吊装方法：模具的吊装有整体吊装和分体吊装两种方法，小型模具的安装常采用整体吊装。

2. 模具安装过程

1）准备装模所用工具，清理动模板、定模板上的杂物，如图 6-6 所示。

2）检查模具连接螺钉是否拧紧。

3）接通电源，检查注射机各部分运行是否正常。

4）调整动模板、定模板距离和模具高度，定模板间的距离与模具的高度一致；自动调模控制注射机可直接设定模具高度，如图 6-7 所示。

5）吊装模具。将模具放在注射机动模板、定模板之间，应根据模具的大小和现场吊装条件选择吊装形式。此过程应注意安全，如图 6-8 所示。

6）将模具的浇口套定位圈对正注射机前定模板的中心孔（定位孔），如图 6-9 所示。

7）查看定位后的模具情况，模具的座板是否紧贴注射机模板，关好安全门。然后进行低压低速合模，并压紧模具，如图 6-10 所示。

8）安装固定压板，用力压紧定模固定板，动模固定板应先预紧。注意要压平、压实压板，如图 6-11 所示。

9）低速开合模几次，确保动模、定模准确对合，压紧动模板。

图 6-6　安装工具

图 6-7　调整动模板、定模板的距离

图 6-8　吊装模具

图 6-9　浇口套对正中心孔

图 6-10　低压低速合模压紧模具

10）认真观察冷却系统的进、出水口，接装冷却水管并通水试用，再开模，如图 6-12 所示。

图 6-11　压紧固定压块

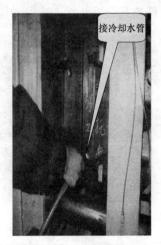

图 6-12　连接冷却水管

11）开模观察凸模、凹模特点，并检查、清理模具型腔，如图 6-13 所示。

12）调整分型面松紧程度，检查脱模距离，并设定基本参数进行产品试制，如图 6-14 所示。

图 6-13　检查模具型腔

图 6-14　检查顶出机构

 安全提醒：

模具吊装前一定要做好充分的准备工作，以免在吊装过程中到处寻找及出现安全事故。要严格按照相关工具的使用规范进行操作，以免因错误使用工具而造成安全事故。

在吊装过程中严格按照操作规程和操作步骤进行操作，掌握正确的吊装方法，特别是在模具起吊时使用不正确的方法容易引发安全事故。在吊装过程中要防止模具落下，同时人和模具要保持一定的距离（1m 左右）或角度（45°左右）。

安装模具时要使用相应的扳手，禁止使用过长的加力杆来拧紧螺母，以免损坏注射机动模板及定模板上螺纹孔内的螺纹。

1）要采取安全防护措施，穿好工作服，禁止穿拖鞋工作。

2）吊装模具时禁止站在模具下方，禁止碰撞机器的各零件，以免把机器和模具撞伤。

3）安装模具时要把握好力度，把模具压紧，但不能压得太紧，否则会损坏螺纹。

4）设定合模压力和速度不能太高、太快，否则会撞坏模具。

5）模具安装完毕后一定要清理现场，使机台上保持干净，机台周围无障碍物，保持畅通无阻。

【课题解析及评价】

【情景预演】　操作员接到新的订单，需要把新模具安装到注射机上，先根据模具大小，模具结构，生产任务情况等，确定把模具安装在哪台注射机上，并安全规范地完成安装任务，确保模具机构运作正常。

【课题解析】　接到任务之后，认真分析任务要求，根据模具结构、生产任务情况，首先选定注射机；然后根据模具大小及结构确定安装方法，明确安装步骤；最后利用相应的工具，在安全前提下把模具安装到注射机上。

【课题小结】　本课题主要学习模具的安装方法，以及在安装之前相关参数的校核，即注射机的选择依据。在安装过程中需要用到起吊机，所以应严格强调安全操作。

【课题考核】　（表6-1）

表6-1　塑料模安装评分

序号	项目与技术要求	配分	评分标准	记录得分	备注
1	安装前准备	10	注射机参数了解 各安装尺寸及参数的校核 检查吊装设备 安装工具准备情况		
2	注射机的检查	5	注射机技术状态 注射机的操作方法 各动作是否正常 注射机的清理		
3	吊装模具	20	吊装过程是否符合要求 安装方法是否正确 吊装设备的正确使用		
4	模具调整	20	模具松紧度调整 参数的初始设置 浇口与注射喷嘴是否一致		
5	脱模调整	10	开模距离的调整 顶出、抽芯距离调整		
6	接通水路、电路	5	正确接通冷却水路 接通电路		
7	空运转试机	10	空运转，观察模具各部位运行是否正常 查看水路是否通畅		
8	安全文明操作	20	安装过程符合安全规范 言行文明礼貌		

【知识拓展】

（1）查阅资料，了解热固性塑料模的安装和调试

（2）查阅资料，了解立式注射模具的安装和调试

（3）注射机分类

1）注射机按动作可分为：

① 电动式注射机：高速、噪声小、节省能耗、稳定性好，是 20 世纪 90 年代的产品，后期得到不断改良。一般用于高精度成形、无尘车间、自动化生产线。缺点是机型吨位受限制。

② 油压式注射机：a. 柱塞式：噪声较小，锁模系统磨损较小，成形相对稳定。20 世纪 70 年代后期它为日本先进技术的代表，得到长足的发展。缺点是容模厚度受限制，但不影响其大型注射机的主流地位。b. 曲臂式注射机：噪声大，锁模系统磨损较严重，成形稳定性较差。它为最早的注射机模式，在长期的生产过程中得到不断改良，虽缺点较多，但其低廉的价格及需求量至今仍占居民用注射机的主流地位。

2）按用途可分为：民用注射机、专用注射机、特殊注射机。特殊注射机又分为双色注射机、多色注射机、旋转注射机。

 【想想练练】

 想一想：

1. 注射机选用的基本原则是什么？

2. 模具闭合后分形面位置的松紧程度应如何控制？

3. 注射机的基本动作原理是怎样的？

 练一练：

1. 卧式注射机注射系统与合模锁模系统的轴线（　　）布置。

A. 都水平　　　　　　　　　　　　B. 都垂直

C. 注射系统水平，合模锁模系统垂直　　D. 注射系统垂直，合模锁模系统水平

2. 注射机 XS-ZY-125 中的 "125" 代表（　　）。

A. 最大注射压力　　B. 锁模力　　　C. 喷嘴温度　　D. 最大注射量

课题二　注射模的调试

学习目标

　　熟悉注射机的操作方法，能正确设置参数；掌握注射模的工艺调试；掌握注射模调试中不良现象产生的原因和解决方法；能独立调试注射模具，并生产出合格制件；能正确调试注射模具。

友情提示： 本课题建议学时为 2 学时

【知识描述】

注射模具在装配以后为了保证模具质量，必须将模具安装在注射机上进行调整与调试。注射成型工艺过程及工艺参数的调整，对产品质量非常重要，因而能把模具正确安装到注射机上只是一个基础，我们还需要根据试制制件中出现的问题，有针对性地对注射工艺参数进行调整，能稳定生产出合格的制件，才真正完成了塑料模具的安装。本节任务就是介绍模具安装完毕后注射工艺调整的一般原则及方法。

【知识链接】 选择注射机应校核的参数

1. 对注射机的相关校核

1）最大注射量的校核。

检查成型制件所需的总注射量是否小于所选注射机的最大注射量，如总注射量小于所选注射机的最大注射量，则所选注射机符合最大注射量的校核。注射机的最大注射量一般是其额定注射量的80%。注射量一般用容量（cm^3）或者质量（g）表示。

2）注射压力的校核。

检查注射机的额定注射力是否大于成型时所需的注射压力。额定最大注射压力是注射机机筒内柱塞或螺杆对熔融塑料所施加的单位面积上的力。额定注射力必须大于注射压力，才能保证产品完全成型。

3）锁模力的校核。

当高压塑料熔体充满整个模具型腔时，会产生使模具分型面张开的力，这个力应小于注射机的额定锁模力。

4）模具与注射机安装部分相关尺寸的校核。

检查模具的喷嘴尺寸，定位圈尺寸，模具的最大和最小厚度及模板上安装孔尺寸是否与注射机相匹配。

5）开模行程的校核。

注射机的开模行程是受合模机构限制的，注射机的最大开模距离必须大于脱模距离，否则制件无法从模具中取出。

6）推出装置的校核。

在设计时，应使模具的推出机构与注射机相适应。通常是根据开合模系统推出装置的推出形式，注射剂的顶杆直径，顶杆间距和顶出距离等来校核模具推出机构是否合理。推杆推出距离应能达到使制件顺利脱模的目的。

2. 注射机性能的要求

1）注射速率（或注射时间）。

注射速率是指在单位时间内所注射的胶量。它的选定很重要，直接影响到制品的质量和生产率。

2）塑化能力。

塑化能力是指注射机的塑化装置在单位时间内所能塑化的物料量。它是生产率高低的量化值，合理选择塑化能力有利于提高生产率和制品质量，否则会影响生产和制品质量。

3）开合模速度。

目前国内外均采用先进的液压传动系统，由于采用了先进的精密压力阀和速度阀控制，使开模、合模速度大大提高。高速时已达到 25～35m/min，有的甚至达到 60～90m/min。

 【课题实施】

1. 注射机的基本结构

本课题以卧式注射机为例来介绍注射机的结构，如图 6-15 所示。

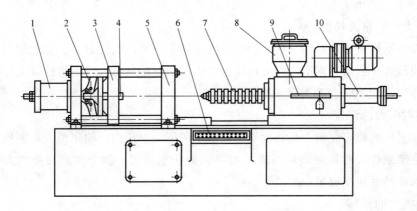

图 6-15　注射机结构

1—锁模液压缸　2—锁模机构　3—移动模板　4—拉杆　5—前定模板

6—注射台进退机构　7—机筒　8—料斗　9—螺杆　10—注射液压缸

2. 注射机的工作过程（图 6-16）

3. 调试前的准备

1）熟悉有关工艺文件资料。根据图样弄清本注射模的基本结构，模具结构特点及工作原理，熟悉相关的工艺文件及所用注射机的主要技术参数。

2）检查模具。检查模具成型零件、浇注系统的表面粗糙度值以及有无伤痕和塌陷；检查各运动零件的配合，起止位置是否正确，运动是否灵活。

3）检查安装条件。检查模具的脱模距离是否符合注射机的顶出行程，注射机安装槽（孔）位置是否合理，是否与注射模相适应。

4）检查设备。检查设备的油路，调到点动或手动位置上检查水路以及电器能否正常工作；把注射机的操作开关调到点动或手动位置上，把液压系统的压力调到低压；调整动模板与定模板的距离，使其在闭合状态下大于模具闭合高度 1～2mm。

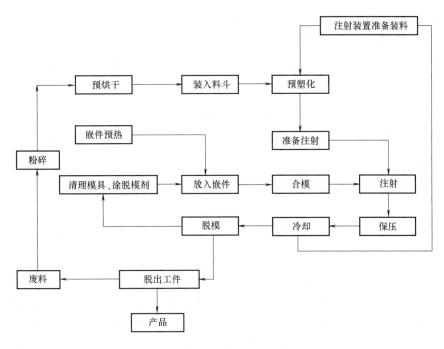

图 6-16　注射机工作流程

5）加料室和柱塞高度要适当，凸模（或柱塞）与加料室配合间隙应合适。

6）检查试模原料是否符合图样规定的技术要求，原料还需预热烘干。

4. 空运转检查

1）合模后各承压面（分型面）之间不得有间隙，接合要严密。

2）活动型芯、顶出及导向部位运动及滑动要平稳，动作要灵活，定位导向要正确。

3）锁紧零件要安全可靠，紧固件不松动。

4）开模时，顶出部分应保证顺利脱模，以方便取出制件及浇注系统废料。

5）冷却水要通畅，不漏水，阀门控制要正常。

6）电加热系统无漏电现象，安全可靠。

7）各气动液压控制机构动作要正常。

5. 注射机的参数设定

参数主要有时间、压力、温度、速度等。另外还有一些功能设定，如顶针种类、抽芯动作、机械手等的设定，这里不做介绍。不同的塑料注射工艺参数不同，这里以 ABS、螺杆式注射机为例进行介绍。

（1）时间设定（表 6-2）　成型周期直接影响劳动生产率和设备利用率。因此在生产过程中，应在保证质量的前提下，尽量缩短成型周期中各有关时间。在整个成型周期中，以注射时间和冷却时间最重要，它们对制品的质量均有决定性的影响（表 6-2）。

注射时间、保压时间和冷却时间须根据产品厚度、模具温度、材料性能等进行设定。注射时间的设定一般略大于螺杆完成注射行程移动的时间即可，否则会延长成型周期。保压时间应根据产品厚度来设定，薄壁产品在成形时可不用保压时间。在设定保压时间时，只要产品表面无明显凹陷即可，也可用称重法来确定，逐步延长保压时间直至产品质量不再变化，该时间即可定为最佳保压时间。冷却时间同样需根据产品厚度、模具温度、材料性能来确定，一般无定型聚合物所需冷却时间要比结晶型聚合物时间长。

表6-2　时间设定

项目	时间/（×0.1s）	项目	时间/（×0.1s）
开模锁模	45	熔料时间	50~200
注射一级	20~40	冷却时间	50~400
注射二级	30~60	顶进延时	3
注射三级	25~35	顶退延时	3

具体项目的时间设定应根据不同的注射机有所不同，设定的数值根据制件的大小及模具结构分析确定。

（2）压力设定　注射过程中压力包括塑化压力和注射压力两种，并直接影响塑料的塑化和制品质量。同时还有其他辅助工序中压力的设定。注射压力的设定要遵循宜低不宜高的原则，只要能提供足够动力达到所要求的注射速度，使熔体能够顺利充满型腔即可。过高的压力容易使制品内产生内应力；但成型尺寸精度较高的制品，为防止产品收缩过度，可以采用高压力注射以减少制品脱模后的收缩，见表6-3。

表6-3　压力设定

项目	压力/MPa	项目	压力/MPa
锁模压力	40	注射一级	50
锁模低压	30	注射二级	55
锁模高压	95	注射三级	40
射台压力	25	熔料压力	85
调模压力	30	开模压力	11

（3）温度设定　温度设定一般包括机筒温度、喷嘴温度和模具温度。

1）机筒温度。机筒温度的设定一般高于塑料熔点11~30℃。必须注意，不同厂商所提供的材料因合成方法或添加助剂类型不同，它们的熔点和在机筒中允许停留时间也会有差异。

2）喷嘴温度。它通常是略低于机筒最高温度，这是为了防止熔料在直通式喷嘴可能发生的流涎现象。喷嘴温度也不能过低，否则将会造成熔料的早凝而将喷嘴堵塞，或者由于早凝料注入型腔而影响制品的性能。

3）模具温度。模具温度对制品的内在性能和外观质量影响很大。一般情况下，定模温度为70~80℃，动模温度为50~60℃。但在生产精密尺寸或表面质量要求较高的制品时，应根据工艺要求使用能够进行准确控制的模温机，见表6-4。

表 6-4 温度设定

项目	温度设定/℃	项目	温度设定/℃
喂料区	40~60(50)	五段温度	211~235(225)
一段温度	160~180(180)	喷嘴温度	211~220(215)
二段温度	180~230(211)	模具温度	40~80
三段温度	211~260(230)	熔料温度	200~230
四段温度	211~260(230)		

注：括号内温度建议为基本设定值。

（4）速度设定 注射速度会影响产品的外观质量，其设定应根据模具的几何结构、排气状况等进行设定，一般在保证良好的外观前提下，尽量提高注射速度，以减少充填时间。在注射成形中，熔体在模具内流动时，模壁会形成固化层，因而降低了可流动通道的厚度，一般根据模具结构和注射速度不同，模壁会有 0.2mm 左右的固化层。因此成形中通常采用较快的注射速度。

6. 注射模调整要点（表 6-5）

表 6-5 注射模调整要点

要点	步骤
选择螺杆及喷嘴	1）按设备要求根据不同塑料选用螺杆 2）按成形工艺要求及塑料品种选用喷嘴
调节加料量，确定加料方式	1）按制件重量（包括浇注系统损耗用量，但不计嵌件），决定加料量，并调节定量加料装置，以最后的试模为准 2）按成形要求，调节加料方式 ①固定加料法：在整个成型周期中，喷嘴与模具一直保持接触，适用于一般塑料 ②前加料法：每次注射后，塑化达到要求注射的容量时，注射座后退，直至下一个循环开始时再前进，使模具与喷嘴接触进行注射 ③后加料法：注射后注射座后退，进行预塑化工作。待下一个循环开始再进行注射，用于结晶性塑料
调节锁模系统	装上模具，按模具的闭合高度、开模距离调节锁模系统及缓冲装置，应保证开模距离要求。锁模力松紧要适当，开闭模具时要平稳缓慢
调整顶出装置与抽芯系统	1）调节顶出距离，以保证正常顶出制件 2）对设有抽芯装置的设备，应将装置与模具连接，调节控制系统，以保证动作起止协调、定位及行程正确
调整塑化能力	1）调节螺杆转速，按成形条件进行调整 2）调节机筒及喷嘴温度，塑化能力应按试模时塑化情况酌情增减
调节注射力	1）按成形要求调节注射力 $P_{注} = P_{表} d_{缸}^2 / d_{螺}^2 (\text{N})$ 式中 $P_{注}$——注射压力（N/cm^2） 　　　$P_{表}$——压力表读数（N/cm^2） 　　　$d_{螺}$——螺杆直径（cm） 　　　$d_{缸}$——液压缸活塞直径（cm） 2）按塑料及壁厚，调节流量调节阀来控制注射速度
调节成形时间	按成形要求来控制注射、保压、冷却时间及整个成形周期。试模时，应手动控制，酌情调整各程序时间，也可以调节时间继电器自动控制各成形时间
调节模温及水冷系统	1）按成形条件调节流水量和电加热器电压，以控制模温及冷却速度 2）开机前，应打开液压泵、料斗及各部位冷却水系统
确定操作次序	装料、注射、闭模、开模等工序按成形要求调节。试模时用人工控制，生产时用自动及半自动控制

注意事项：

1）模具在使用过程中，温度变化要均匀，且勿过冷过热。

2）卸件时要细心，防止刮伤模具表面。每次压制前都要检查型腔内是否有漏掉的嵌件或其他杂物，并保持腔内清洁。拆卸模具冷却水管时应由下至上，以免模具型腔内进水。

3）制品卸出后，一定要对型腔进行清理，一般用压缩空气吹拂或用木制小刮刀、专用工具清理残料及杂物，绝不能刮伤型腔表面。

4）模具用过一段时间后，要定期检查型腔及模具底面的废弃物。

5）适当使用脱模剂，不要用得太多。

6）模具的滑动部位如导柱，导套等应定时润滑。

 【课题解析及评价】

【情景预演】　现有一套刚装配完成的模具需要进行调试，已经安装到注射机上，需要操作员对相关参数进行调整，以使得其生产的产品合格，且需要保证一定的合格率。

【课题解析】　在调试之前，需要对该模具生产的产品材料及性能进行了解，查阅资料，预设注射参数。了解产品的结构形状及大小，初步设定注射参数，分析试模产品缺陷产生的原因，不断对参数进行微调，直到能稳定生产合格产品为止。

【课题小结】　本任务主要锻炼学生实际操作注射机，并对主要参数进行调整的能力。操作者通过该部分内容的学习，对产品缺陷及可能的原因有了更深刻的了解；能对常见的产品缺陷进行分析，做出调整。

【课题考核】　（表6-6）

表6-6　考核评分

序号	考核项目	考核要求	配分	得分	备注
1	安装前准备	1）模具工作原理 2）了解注射机参数 3）各安装尺寸及参数的校核 4）检查吊装设备 5）安装工具准备情况	10		
2	检查注射机	1）注射机技术状态 2）注射机的操作方法 3）各动作是否正常 4）注射机清理	5		
3	吊装模具	1）吊装过程是否符合要求 2）安装方法是否正确 3）吊装设备的正确使用	20		
4	调整模具	1）模具松紧度的调整 2）参数的初始设置 3）浇口与注射喷嘴是否一致	20		
5	调整脱模	1）开模距离的调整 2）顶出、抽芯距离的调整	10		

（续）

序号	考核项目	考核要求	配分	得分	备注
6	接通水、电路	1）正确接通冷却水路 2）接通电路	5		
7	空运转试机	1）空运转，观察模具各部位运行是否正常 2）查看水路是否通畅	10		
8	安全文明操作	1）安装过程符合安全规范 2）言行文明礼貌	20		

【知识拓展】 试模及制件常见的缺陷与原因

在开始注射时，原则上选择在低压、低温和较长的时间条件下成形。如果制件未充满，通常是先增加注射压力。当大幅度提高注射压力仍无效果时，才考虑变动时间和温度。延长时间实质上是使塑料在机筒内的受热时间增长，注射几次后若仍然未充满，最后才提高机筒温度。但机筒温度的上升以及它与塑料温度达到平衡需要一定的时间（一般15min左右），需要耐心等待，不要过快地把机筒温度升得太高，以免塑料过热发生降解。

注射成形时可选用高速和低速两种工艺。一般在制件壁薄而面积大时，采用高速注射，而壁厚面积小的制件采用低速注射，在高速和低速都能充满型腔的情况下，除玻璃纤维增强塑料外，均宜采用低速注射。

试模过程中常见的缺陷及原因见表6-7。

表 6-7　试模过程中常见的缺陷及原因

原因／缺陷	制件不足	溢料	凹痕	银丝	熔接痕	气泡	裂纹	翘曲变形
成形周期太长		√		√				
机筒温度太低	√				√		√	
注射压力太低	√		√		√	√		
模具温度太低			√					√
机筒温度太高		√	√	√		√		√
注射压力太高		√					√	
模具温度太高			√					√
注射速度太慢	√							
注射时间太长				√	√		√	
注射时间太短	√		√		√			
加料太多		√						
加料太少	√		√					
原料含水分过多			√					
分流道或铸口大小	√		√	√	√			
模穴排气不好	√			√		√		
制件太厚或变化太大			√			√		
制件太薄	√							
成形机能不足	√		√	√				
锁模力不足		√						

在试模过程中应详细记录，并将结果填入试模记录卡，注明模具是否合格。如需返修，应提出返修意见。在记录卡中应摘录成形工艺条件及操作注意要点，最好能附上注射

成形的制件，以供参考。对试模后合格的模具，应清理干净，涂上防锈油后入库。

【想想练练】

想一想：

1. 注射模调整要点都有哪些？

2. 请查阅资料，列出 PP 塑料一般的注射工艺是什么？

练一练：

1. 注射机机筒温度的分布原则是（　　　）。

A. 前高后低　　　　B. 前后均匀　　　　C. 后端应为常温　　　　D. 前端应为常温

2. 将注射模具分为单分型面注射模和双分型面注射模等，是按（　　　）分类的。

A. 按所使用的注射机的形式　　　　　　B. 按成型材料

C. 按注射模的总体结构特征　　　　　　D. 按模具的型腔数目

3. 采用多型腔注射模时，需根据选定的注射机参数来确定型腔数，主要按注射的（　　　）来确定。

A. 最大的注射量　　B. 锁模力　　　　C. 公称塑化量

4. 注射模制品有裂纹的主观产生原因是（　　　）。

A. 模具温度低　　　　　　　　　　　　B. 所受应力太大或应力集中

C. 模具冷却系统设计不合理　　　　　　D. 塑化能力差

5. 注射机的常用类型按照外形结构分为_____、_____、_____。

课题三　注射模的维护、保养与修理

学习目标

　　了解模具的检修步骤和方法；掌握塑料模具的一般维修方法；能正确分析确定模具损伤原因；能对模具的一般性损伤进行修补；能对模具进行日常的维护，对模具进行简单修理。

 友情提示：本课题建议学时为 2 学时

 【知识描述】

　　在行业中有句谚语：三分工艺，七分模具。由此可见模具在注射生产中的重要性，因而注射模具的维护、保养工作就显得尤为重要。掌握模具的维护、保养和修理的技能，是一名模具从业人员所必须具备的素质，所以了解模具维护、保养的方法和内容，掌握塑料模具修理的常用方法及修理工艺过程是十分必要的。

在调试模具或生产过程中对产品产生的各种缺陷要仔细分析，找出产生缺陷的原因。如果是模具设计或制造过程的原因，应分析原因，并给出改进的方法；如果是在生产过程中因操作不当而导致的损坏，应查明原因，找到补救措施；如果是生产过程中的正常损耗和磨损，则要对模具磨损部位进行适当的维护和修理。修理后的模具，必须重新调试，直到能稳定生产出合格产品才能交付使用。

本课题就是介绍模具的维护方法和日常保养内容，以及模具损坏原因的分析及修理方法。

【知识链接一】　注射模的检修和修配工艺过程

注射模在使用过程中如果发现其主要部件损坏或失去使用精度时，应进行全面的检修。

1. 注射模的检修原则

注射模零件进行更换时，一定要符合原图样规定的材料、牌号和各项技术要求的规定。检修后的注射模一定要重新试模，直到生产出合格的制件后，方可交付使用。

2. 注射模修配工艺过程（表6-8）

表6-8　注射模修配工艺过程

修配工艺	简　要　说　明
分析修理原因	1）熟悉模具图样，掌握其结构特点及动作原理 2）根据制件情况，分析造成模具损坏的原因 3）确定模具修理部位，观察其损坏情况
制订修理方案	1）制订修理方案和修理方法，确定模具大修或者小修 2）制订修理工艺，准备必要的修理工具
修配	1）检查，拆卸损坏部件 2）清洗零件，核查损坏原因，修订方案 3）更换或修理损坏零部件，使其达到设计和使用要求 4）重新装配
试模	1）对修配好的模具进行试模和调整 2）根据试件状况，检查确定修配后模具的质量并进行调整 3）确定模具修配合格，打上标记

【知识链接二】　注射模的保养和维护

注射模是比较精确且复杂的工艺装备，在产品的生产过程中要认真地进行精心维护和妥善保管。

1. 模具的保养

1）对于暂时不适用的模具，应及时擦拭干净并在导柱顶端的储油孔注入润滑油，再用纸片盖上，防止灰尘落入导套，影响精度。

2）凸模与凹模部分以及导柱上应涂缓蚀剂，然后保存，以防生锈。

3）模具应保存在模具库中。小模具可以放在架上，按一定顺序整齐排放；大模具一般放在地上，垫上模板，以防生锈。

4）保管模具时应建立保管档案，由专人维护和保管。

2. 模具的维护

1）保护型腔表面。型腔的表面不允许被钢件碰划，必要时只能使用纯铜棒帮助制件脱模，当需要擦拭时应使用干净棉布或棉花。有些表面有特殊要求的模具，不允许用手直接触摸。

2）滑动部位应适时、适量加注润滑油脂，导柱、导套、顶杆、复位杆等间隙配合零件要适时喷涂润滑剂或加注润滑油脂，保证零部件运行灵活。

3）型腔表面要定期进行清洗和抛光。塑料在成型过程中往往会分解出低分子化合物腐蚀模具型腔，因此需要定期用丙酮或酒精擦洗并吹干。如果模具表面出现表面质量变差的情况，还要定期进行抛光、研磨等处理。

4）易损件应适时更换。导柱、导套、顶杆、复位杆等活动件因长时间使用而磨损，需要定期检查并及时更换。

5）注意模具的疲劳损坏。在注射成型过程中模具会产生较大的应力，而打开模具取出制件后内应力即消失，模具受到周期性内应力作用会产生疲劳损坏，应定期进行消除内应力处理，以防出现疲劳裂纹。

 【课题实施】

1. 注射模的维护

模具的维护贯穿在模具的使用、修理、保管各个环节中。在使用一段时间后如果没有对模具进行良好的维护，可能造成模具使用寿命缩短和成型质量下降，甚至造成模具的损坏。

本课题主要训练操作者对模具的日常护养，主要可分为以下几个部分，见表6-9。

表 6-9　注射模维护内容

序号	维护项目	维 护 内 容
1	成形零部件	1）检查型腔表面是否良好,有无磨损、变形 2）型腔面是否干净,有无杂质 3）检查型腔表面粗糙度,有无局部磨损、刮花的情况 4）用干净的抹布擦拭型腔表面,并喷涂专用防锈漆
2	浇注系统	1）查看主流道、分流道、浇口是否畅通,有无堵塞现象 2）通过观察情况,判断是否影响熔料流动 3）冷料拉料杆的形状尺寸是否符合要求,运行是否正常 4）用干净的抹布擦拭浇注系统,并喷涂专用防锈漆
3	导柱、导套	1）尺寸是否符合要求,运行是否平稳,配合间隙是否合适 2）给导柱、导套擦拭润滑油

（续）

序号	维护项目	维护内容
4	推出系统	1）检查推出动作是否灵活、平稳 2）推杆、推管尺寸有无磨损、变形情况 3）成形杆端面与型芯配合是否符合要求 4）复位杆与动模板配合是否符合要求，运动是否平稳可靠 5）对各推杆、推管进行适当润滑
5	分型面	1）分型面各台阶、曲面是否有磨损、变形情况 2）分形面是否会产生溢边情况
6	冷却系统	1）冷却水孔是否畅通 2）O形防水垫圈是否良好
7	其他	1）各部件有无敲打痕迹，是否影响制件质量 2）排气槽是否工作良好 3）各部件安装、连接是否良好 4）其他非成形零部件喷涂防锈油

2. 注射模具的修理

修理步骤如下：

1）模具检修前要用汽油或清洗剂将模具清洗干净。

2）将清洗干净后的模具按原图样的技术要求检查损坏部位及损坏情况。

3）根据检查结果编制修理方案卡片，卡片上应记录模具名称、模具号、使用时间、模具检修原因及检修前的制件质量、检查结果及主要损坏部位，确定修理方法及修理后能达到的性能要求。

4）按修理方案卡片上规定的修理方案拆卸损坏部位。拆卸时，可以不拆的尽量不拆，以减少重装时的调整和研配工作。

将拆下的损坏零部件按修理卡片进行修理。

5）将修理好的零部件进行装配和调整。

6）将重新调整后的模具进行试模，检查故障是否已排除，制件质量是否合格，直至故障完全排除并试制出合格制件后，方能交付使用。

常用修理方法见表6-10。

表6-10 常用修理方法

修理方法	修理方式	适用场合	备注
堆焊修配 （图6-17）	采用低温氩弧焊、手工电弧焊等方法在需要修复的部位进行堆焊，然后再做修整	局部损坏或者需要填补部位	采用电弧焊时，应对模具进行预热，修补部位过小时可以加工出沟槽
镶件修理 （图6-18、图6-19）	先将需要修补的部位加工成凹坑或通孔，然后用镶件嵌入凹坑达到修理的目的	对修补表面要求不高，损坏部位稍大，但不至于换个部件更换	修补后的表面容易在制件上留下拼接痕迹
扩孔修理	采用扩大孔径及增大轴径的方法，使磨损部位重新满足配合要求	杆类零件的配合孔出现磨损或局部损坏	要保证扩孔与杆件的配合满足要求
凿捻修理 （图6-20）	利用小锤子和錾子在型腔附近部位使用凿捻的方法使材料局部变形，然后修光满足要求	型腔边缘表面的局部有浅小的磨损或划碰	进行捶打和凿捻的部位要适当，以免损坏型腔或降低材料强度

（续）

修理方法	修理方式	适用场合	备注
增生修理（图 6-21）	在需要修补的地方钻一个离型腔 3~5mm 的孔,然后打入销,使型腔部位局部增生	较深型腔面的侧壁因加工失误或其他原因出现的损坏,且其他方法不适宜时	销与孔应是过盈配合,敲击销时应对增生部位进行加热处理
镀层修理	在模具表面电镀铬或化学镀镍等,以提高型腔面的硬度、表面质量和耐蚀性的一种处理方式	适用于整个模具型腔出现均匀磨损而变小的情形	一般镀铬层厚度为 110~125μm,化学镀镍厚度为 125μm

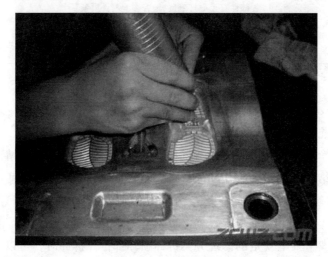

图 6-17　堆焊修配

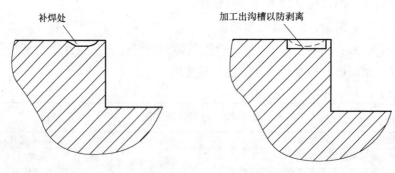

图 6-18　补焊部位加工出沟槽

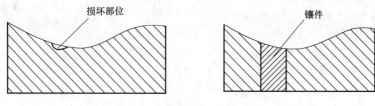

图 6-19　镶件修理

 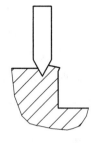 

图 6-20 凿捻修理

【课题解析及评价】

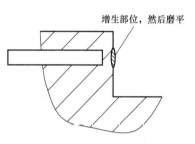

图 6-21 增生修理

【情景预演】 注射模生产产品有缺陷，操作员需要对其进行维修，同时对其他各部件也一同检查，并做好保养，确保后期生产的顺利进行。

【课题解析】 首先要分析产品存在缺陷的原因，是成型参数的原因，还是模具零件出现问题，然后根据实际情况对其进行维修或更换相应零件。小组内部可以进行分工，并做好记录。

【课题小结】 本课题的内容主要是模具的缺陷分析及维修与保养护理，这是在企业日常工作中经常会遇到的情况。操作员通过该部分内容能掌握一般的模具维修方法及维修流程，模具日常保养方法等。

【课题考核】（表 6-11）

表 6-11 考核评分

序号	项目与技术要求	配分	评分标准	实测记录	得分
1	维修工具的使用	15	熟练、安全、正确操作		
2	维修过程	30	1）正确拆卸、安装损坏部件 2）合理选择维修方法并维修		
3	保养护理	30	1）模具表面及型腔清洁 2）检查各运动部件的润滑情况 3）检查顶针的磨损情况 4）型腔做防锈处理		
4	小组协作	15	分工明确，相互协作		
5	安全文明生产	10	保证安全，违规一次扣3分		

【知识拓展】

1. 堆焊型冷焊机

利用充电电容，以 1/1100～1/11s 的周期，1/110000～1/11000s 的超短时间放电。电极材料与模具接触部位会被加热到 8000～11000℃，等离子化状态的熔融金属以冶金的方式过渡到工件的表面。由于与母材之间产生了合金化作用，向工件内部扩散、熔渗，形成了扩散层，得到了高强度的结合。实现冷焊（热输入低）的原理是放电时间（P_t）与下一次放电间隔时间（I_t）相隔极短，机器有足够的相对停止时间，热量会通过模具基本体扩散到外界，因此模具的被加工部位不会有热量的聚集。虽然模具的升温几乎停留在室温，可是由于瞬时熔化的原因，电极尖端的温度可以到达 11000℃ 左右。焊条瞬间产生金属熔融，过渡到母材金属的接触部位，同时由于等离子电弧的高温作用，表层深处出现像生了根一样的强固的扩散层，呈现出高结合性，不会脱落。

堆焊型冷焊机用于铁、钢、铝、铜等铸造件出现裂纹、砂眼、凹坑、气孔、磨损、缺口、划伤等金属表面缺陷的修补。冷焊机补焊后工件不产生热裂纹、不变形、无色差、没有硬点、熔接强度高，可进行机加工。金属修补冷焊机常用于曲轴磨损、塑胶模具磨损、轧辊腐蚀洞眼、气孔沙眼等修复领域。

2. 化学镀

化学镀就是在不通电的情况下，利用氧化—还原反应在具有催化表面的镀件上获得金属合金的方法。

它主要分为三类：

1）置换镀（离子交换或电荷交换沉积）：一种金属浸在第二种金属的金属盐溶液中，第一种金属的表面上发生局部溶解，同时在其表面自发沉积上第二种金属。

2）接触镀：将欲镀的金属与另一种金属或另一块相同金属接触，并沉浸在沉积金属的盐溶液中的沉积法。当欲镀的导电基底表面与比溶液中待沉积的金属更为活泼的金属接触时，便构成接触沉积。

3）真正的化学镀：从含有还原剂的溶液中沉积金属。

 【想想练练】

 想一想：

1. 提高模具寿命的措施有哪些？

2. 注射模修理有哪些方法？

3. 在注射模调试过程中，若出现溢料现象，请分析其产生原因并提出解决方法。

 练一练：

模具排气不畅可能导致的制件缺陷是（　　　　）。

A. 翘曲　　　B. 毛刺　　　C. 拼合缝　　　D. 烧焦痕

单元七 仿真软件在模具装配中的应用

课题一 三维软件基础知识

学习目标

　　了解三维软件的种类与应用范围；掌握 CAXA 实体设计软件的基础知识；了解三维软件的种类与应用范围；熟悉 CAXA 实体设计软件的界面及基础功能；掌握 CAXA 实体设计软件的基本操作。

友情提示：本课题建议学时为 2 学时

【知识描述】

本任务是学习 CAXA 实体设计软件的基础知识，内容如下：

1. 认识 CAXA 实体设计软件界面
2. 认识设计元素库（Catalogs）
3. 学会拖放式操作（Drag/Drop）
4. 学会在不同的零件编辑状态进行编辑
5. 学会三维球的简单操作
6. 学会定位锚的简单操作
7. 了解元素属性的意义
8. 了解工具条的作用
9. 会使用显示工具

【知识链接】 三维软件

　　三维软件的发展，成功地解决了精密、复杂模具的设计、制造难题，软件的应用成为改造模具制造业的关键技术，以模具 CAD/CAM/CAE 技术为核心的信息技术对模具工业的进步和发展起到了巨大推动作用。现在，模具工业已经成为信息技术应用最普及、成功的行业之一。主流的三维软件有很多，如：Pro/E、UG、Catia、SolidWorks、Inventor、CAXA 实体设计等。

CAXA 实体设计是一套面向机械行业的三维设计软件，它突出体现了新一代 CAD 技术以创新设计为发展方向的特点，提供了一套简单、易学的全三维设计工具。它能为企业快速完成新产品设计，响应客户的个性化需要提供有力的帮助。CAXA 实体设计能为设计人员或企业带来以下具体收益：

1）以三维设计完成以前二维设计无法表达清楚或无法完成的零件设计，为后续的分析、仿真与数控加工提供三维数字模型。

2）通过装配三维虚拟样机，节省企业制造真实样机和修改的费用。

3）真实的动画效果可清楚地表现产品结构，为生产和维修服务提供第一手资料。

4）完整的产品三维数据能够为企业整体信息化建设提供牢固的基础。

CAXA 实体设计支持网络环境下的协同设计，可以与 CAXA 协同管理或者其他主流 CPC/PLM 软件集成工作。

CAXA 应用实例集，如图 7-1 所示。

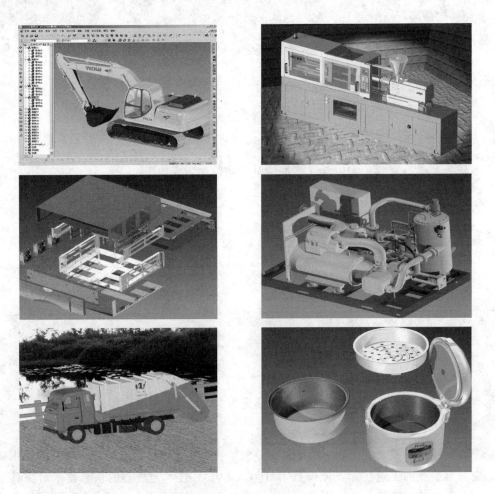

图 7-1　应用实例

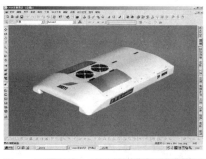

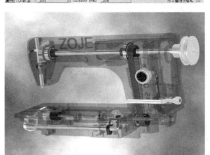

图 7-1　应用实例（续）

【课题实施】

1. CAXA 实体设计软件界面

CAXA 实体设计提供了全 Windows 的软件界面，通过创建新的设计环境或打开一个原有的设计文件进入设计界面，如图 7-2 所示。

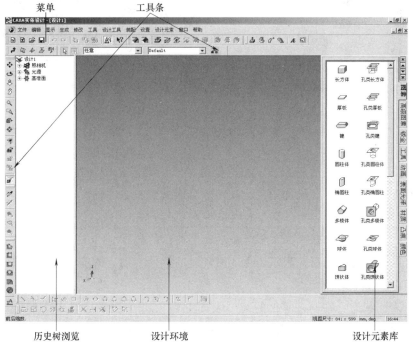

图 7-2　CAXA 实体设计软件界面

2. 设计元素库

CAXA 实体设计所独有的设计元素库可以用于设计和资源的管理，如图 7-3 所示。范围广泛的设计元素库包含了诸如形状、颜色、纹理的设计资源，同时可以创建自己的元素库，积累设计成果并与其他人分享。

3. 拖放式操作

利用设计元素库提供的智能图素并结合简单的拖放操作，是 CAXA 实体设计易学、易用的集中体现。操作步骤如下：

（1）打开一个设计元素库。

（2）发现所需要的设计元素或智能图素。

（3）鼠标拾取它，按住鼠标左键把它拖到设计环境中，然后松开鼠标左键。

4. 不同的零件编辑状态

零件在设计过程可以具有不同的编辑状态，提供不同层次的修改或编辑。以下是可以通过鼠标单击进入的三种零件状态，如图 7-4 所示。

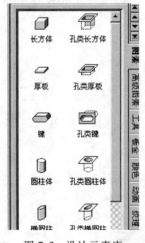

图 7-3　设计元素库

图 7-4　编辑零件

首先激活选择工具 ⬚⬚（如果它没有处在激活状态）。

1）零件状态：用鼠标左键在零件上单击一次，被单击零件的轮廓被青色加亮。注意，零件的某一位置会同时显示一个表示相对坐标原点的锚点标记。这时选择零件编辑状态，在这一状态下进行操作，如添加颜色、纹理等会影响到整个零件。

2）智能图素状态：在同一零件上用鼠标左键再单击一次，进入智能图素编辑状态，如图 7-5 所示。在这一状态下，系统会显示一个黄色的包围盒和 6 个方向的操作手柄。在零件某一角点显示的蓝色箭头表示了生成图素时的拉伸方向，并有一个手柄图标表示，可以拖动手柄修改图素的尺寸。

3）线/表面状态：在同一零件的某一表面上再单击一次，这时表面的轮廓被绿色加亮，表示选中了表面的编辑状态，如图 7-6 所示，这时进行的任何操作只会影响选中的表面。对于线有同样的操作与效果。

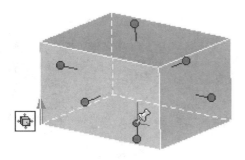

图 7-5　零件智能图素状态

图 7-6　零件线/表面状态

5. 三维球

三维球是一个杰出和直观的三维图素操作工具，它可以通过平移、旋转和其他复杂的三维空间变换，精确定位任何一个三维物体。同时三维球还可以完成对智能图素、零件或组合件实现拷贝、直线阵列、矩形阵列和圆形阵列的操作功能，如图 7-7 所示。

二维球可以附着在多种三维物体之上。在选中零件、智能图素、锚点、表面、视向、光源、动画路径关键帧等三维参数后，可通过单击"三维球"按钮 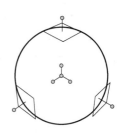 打开三维球，使三维球附着在这些三维物体之上，从而方便地对它们进行移动、相对定位和距离测量。

三维球形状如图 7-7 所示，它在空间有三个轴，内、外分别有三个控制柄，可以沿任意一个方向移动物体，也可以约束实体在某个固定方向移动，或绕某固定轴旋转。

图 7-7　三维球

1）外控制柄。左键单击它可用来对轴线进行暂时的约束，使三维物体只能进行沿此轴线上的线性平移或绕此轴线进行旋转。

2）圆周。拖动这里，可以围绕一条从视点延伸到三维球中心的虚拟轴线旋转。

3）定向控制柄。它用来将三维球中心作为一个固定的支点，进行对象的定向。主要有两种使用方法：①拖动控制柄，使轴线对准另一个位置；②单击右键，然后从弹出的快捷菜单中选择一个项目进行移动和定位。

4）中心控制柄。它主要用来进行点到点的移动。使用的方法是将它直接拖至另一个目标位置，或右键单击，然后从弹出的菜单中挑选一个选项。它还可以与约束的轴线配合使用。

5）内侧。在这个空白区域内侧拖动进行旋转，也可以右键单击这里，出现各种选项，对三维球进行设置。

6）二维平面。拖动这里，可以在选定的虚拟平面中自由移动。

6. 定位锚

每一个零件、模型和智能图素在实体设计中都有一个定位锚，而且只有选中这一对象的时候才会显现出来。它看起来像一个"L"形标志，在拐弯处有一圆点，当它呈绿色时，为附着于零件，即智能图素的状态，如图 7-8 所示。再次用鼠标单击定位锚，它将变为黄色选中状态，此时可单独对定位锚进行移动。

定位锚长轴表示对象的高度方向，短轴为长度方向，没有标记的轴是宽度方向。

有三种方法可以修改参考点的相对位置：

1）利用移动锚点功能。如果只是在模型的表面上移动锚点这一方法非常有用。要移动锚点，首先选择模型，然后在"设计工具"菜单选择"移动锚点"，这时导航图标变成一个锚的形状同时在模型上移动时智能捕捉起作用。现在可以单击新的参考点位置。

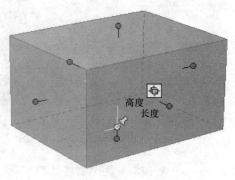

图 7-8 定位锚

2）利用三维球。如果新的参考点不在模型表面上或精确位置不很重要时，采用这一方法。为利用三维球，首先选择对象，直接单击锚点使其变黄，打开三维球定位新的锚点。

3）利用定位锚属性标。如果知道新定位锚的准确距离和角度，可以利用此功能。右键单击对象，从弹出的菜单选择"属性"，选择"定位锚"选项输入适当的数值。

7. 元素的属性

要修改元素的属性，选择"工具菜单"→"选项"。元素属性表（图 7-9）中的不同选项在设计过程中有不同的作用，会在后面用到时分别介绍。

8. 工具条

常用的工具条会在软件初次安装时自动显示在设计界面上。你也可以隐藏或显示不同的工具条，如图 7-10 所示。要完成这样的工作需要：

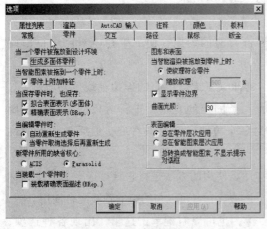

图 7-9 元素属性表

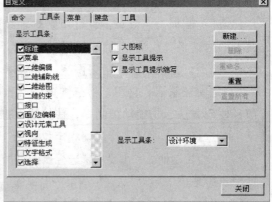

图 7-10 工具条

1）从"显示"菜单选择"工具条"。

2）在弹出的"自定义"对话框"工具条"栏目内选中需要显示的工具条。

3）也可以通过在任意一个显示的工具条上单击右键，从弹出的对话框中选择需要显示的工具条。

9. 显示工具

视向工具条上的这些功能可以帮助在三维设计环境中从不同视角观察零件，如图

7-11所示。

图 7-11 视向工具条

从左至右的功能依次如下：

⬩ 上、下、左、右移动画面。快捷键：<F2>

⬩ 任意角度旋转观察设计零件。快捷键：<F3>

⬩ 拉近、拉远观察零件。快捷键：<F4>

⬩ 模拟走入设计环境观察的效果。快捷键：<Ctrl+F2>

⬩ 动态缩放。快捷键：<F5>

⬩ 窗口缩放。快捷键：<Ctrl+F5>

⬩ 从一个指向的面进行观察。快捷键：<F7>

⬩ 指定中心位置观察。<Ctrl+F7>

⬩ 全屏显示。快捷键：<F8>

⬩ 存储当前视向。

⬩ 回复存储的视向。

⬩ 回复前一个存储的视向。

⬩ 选择透视效果。

【课题解析及评价】

　　用软件完成模具拆卸及工作过程仿真，直观再现模具的实际装配、拆卸及工作过程；由于模具组件数目多，在软件环境下建立各零件的三维模型，并利用其装配功能实现模具的虚拟装配，使操作者更快地掌握模具装配及拆卸顺序，并可利用软件进行装配干涉检查以确保模具装配的正确性。要学会以上内容首先要学会软件的基本操作，本课题的任务是要求操作者从最基础的知识学起，学会CAXA实体设计软件的基本操作，为后续的学习打下坚实的基础。

　　课题考核按上机操作具体评分。

【想想练练】

想一想：

1. 目前常用的三维软件有哪些？

2. 这个任务我们主要学了什么？

193

练一练:

通过一实体把前面讲的内容练一练。

课题二 软件应用装配实例——弯曲模

 学习目标

> 通过用软件模拟弯曲模装配，学会使用软件和对弯曲模的装配有感性认识，对弯曲模有进一步的认识；能使用软件进行装配练习；能利用三维球对模具进行装配。

 友情提示: 本课题建议学时为 4 学时

 【知识描述】

在项目三中讲了单工序冲裁模、复合冲裁模、级进模、弯曲模、拉深模的装配工艺，在本课题中使用 CAXA 实体设计软件的设计功能把二维零件图转换成三维立体图，并利用三维球的装配方式对弯曲模进行装配，从而对弯曲模有进一步的认识。操作者也可以通过学过的知识对其他冲模进行装配，以得到更直观的认识。

 【知识链接一】 ——三维拉伸零件的建立

我们以弯曲模中的凹模（件号 7）为例，如图 7-12 所示，进行凹模主体造型。

首先打开 CAXA 实体设计 2011。双击桌面上的图标 ，选择 创建一个新的设计文件 →"确定"→ →确定，完成打开软件的操作，在左侧的特征树中隐藏坐标平面，从"设计元素库"中拖一个长方体到设计环境中，单击这个长方体，出现包围盒状态，如图 7-13 所示。用鼠标右键单击"包围盒"的上控制手柄弹出图 7-14 所示的"编辑包围盒"对话框，按照凹模的大小、宽度的一半值输入数字。

单击"工具栏"中的 拉伸按钮，在左侧对话框中选择 从设计环境中选择一个零件，单击设计环境中的长方体，左边工具栏中弹出对话框（图 7-15）后单击"2D 草图"，在随后出现的对话框中，选择 二线、圆、圆弧、椭圆确定...，如图 7-16 所示选择长方体中的两条边，此时出现二维网格面，如图 7-17 所示。现在可以画凹模中 150°斜面。单击工具栏中 2点线图标，直线其中一点在 Y 轴上。标注尺寸：单击工具栏中 图标标注此直线与 Y 轴夹角及直线起点到原点的距离，按<ESC>键退出标注，双击尺寸数字弹出对话框，以修改尺寸数字，如图 7-18 所示。

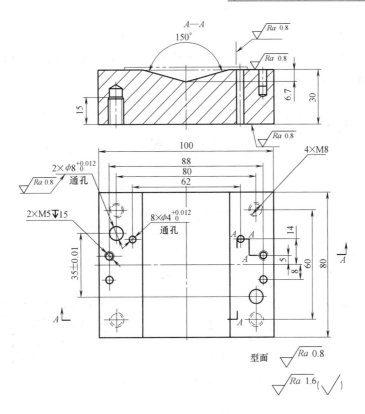

图 7-12　零件图

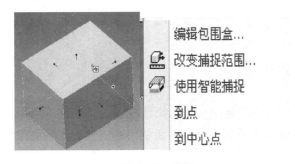

图 7-13　凹模

图 7-14　编辑包围盒

图 7-15　2D 草图　　图 7-16　二线、圆、圆弧、椭圆确定

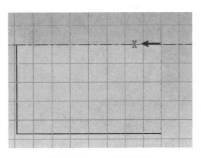

图 7-17　二维网格面

继续画直线将图形封闭，如图 7-19 所示。单击 ✔ 按钮完成，在弹出的对话框中，如图 7-20 所示，选择"除料"→"贯穿"，出现图 7-21 所示图形确认无误后，单击 ✔ 确定。至此完成凹模主体一半的三维造型，如图 7-22 所示。

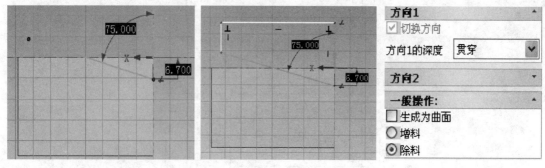

图 7-18　修改数字　　　　图 7-19　封闭图形　　　　图 7-20　贯穿

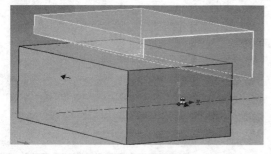

图 7-21　贯穿结果

图 7-22　效果图

【知识链接二】　利用三维球的功能造型

CAXA 实体设计有三种零部件装配方式：三维球装配、无约束装配、约束装配。使用自底向上的设计方式时，出自不同工程师设计出的零部件只要灵活使用这三种方式就能很快完成整个结构装配设计。本节介绍用三维球装配方式造型。

三维球的键盘命令：

<F11>　　　　　打开/关闭三维球

<空格键>　　　将三维球分离/附着于选定的对象

<Ctrl>　　　　在平移/旋转操作中激活增量捕捉

三维球的工具按钮 ⊕

继续完成弯曲模中凹模（件号 7）的三维造型。如图 7-23 所示，进行凹模中销孔、螺纹孔的造型。

我们先做 4×φ4 通孔。从"智能图素库"中拖动"孔类圆柱体"到凹模侧边中点，右键单击"包围盒"手柄，按图 7-23 中尺寸编辑"包围盒"，单击"确定"。按<F11>键或单击工具栏中 ⊕ 图标调出"三维球"，如图 7-24 所示。用鼠标右键拖动上面四边形，在弹出的对话框中选择"平移",如图7-25所示,按图7-26填写尺寸数字后单击"确定"。其中一个销孔已生成,如图7-27所示。同理,用鼠标右键向另一方向拖动上面四边形,如图7-28所示,选择"链接",按凹模中的尺寸填写图7-29中的数据,单击"确定",生成4×φ4中的两个销孔,如图7-30所示。

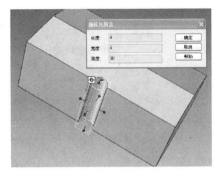

图7-23 编辑包围盒

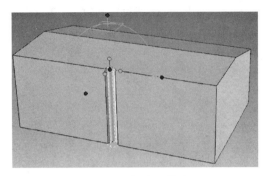

图7-24 调出三维球

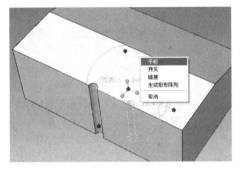

图7-25 选择"平移"

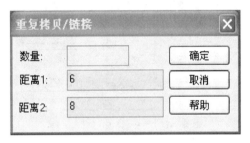

图7-26 填写尺寸

图7-27 生成一个销孔

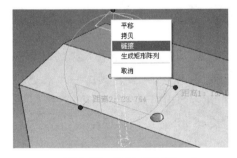

图7-28 选择"链接"

图7-29 填写尺寸

图7-30 生成两个销孔

我们接着做 2×M5、深 15mm 的螺纹底孔。拖动"智能图素库"中"孔类圆柱体"到已做好零件侧面中点,把鼠标放在"包围盒"的下面手柄上,单击鼠标右键在弹出的对话框中选择"编辑包围盒",在图 7-31 中填写数字,单击"确定"。按<F11>键调出三维球,用鼠标右键拖动"三维球"上面四边形,松开右键弹出对话框,在对话框中选择"平移",如图 7-32 所示,按图 7-33 填写尺寸数字。按<ESC>键退出三维球模式,结果如图 7-34 所示。

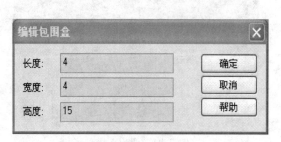

图 7-31 填写尺寸

图 7-32 选择"平移"

图 7-33 填写尺寸

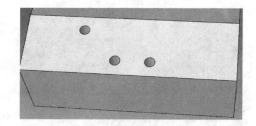

图 7-34 生成螺纹底孔

继续做背面 4×M8 螺纹底孔。按住鼠标中键将零件翻转,从"智能图素库"中拖出孔类圆柱体到零件边缘中点,用鼠标右键单击"包围盒"下手柄,选择"编辑包围盒",按图 7-35 填写尺寸数字,然后单击"确定",按<F11>键调出三维球,用鼠标右键拖动"三维球"上四边形,松开后在弹出的对话框中选择"平移",如图 7-36 所示。按图 7-37 填写尺寸后单击"确定"。其中一个孔已做好用鼠标右键拖动"三维球"水平的外控制手柄,松开后弹出对话框,如图 7-38 所示,选择"链接",按图 7-39 填写尺寸,单击"确定"。按<ESC>退出三维球模式,在空白处单击退出"包围盒"。完成两个 M8 底孔的造型,如图 7-40 所示。

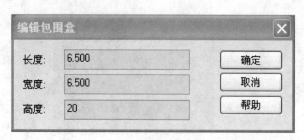

图 7-35 填写尺寸

图 7-36 选择"平移"

图 7-37 填写尺寸

图 7-38 选择"链接"

图 7-39 填写尺寸

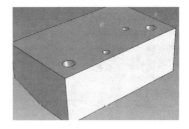

图 7-40 生成 M8 底孔

单击工具栏中 螺纹按钮，单击已做好的零件，准备做螺纹的孔面（孔面变绿）。此时其他选项按图 7-41 所示填写。在"草图"栏中选择"平面"选项，出现二维草图的坐标系，选择"草图"中"多边形"，单击坐标原点将"边数"改为"3"，将鼠标放在 Y 轴上，填写"半径"值，如图 7-42 所示，单击 ✓，在新界面中再次单击 ✓，生成螺纹，如图 7-43 所示。做 M8 螺纹方法如上，生成的零件如图 7-44 所示。

图 7-41 填写参数

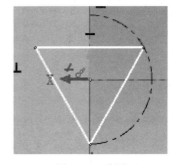

图 7-42 草图

图 7-43 生成螺纹面

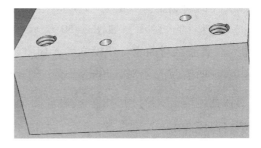

图 7-44 生成螺纹

翻转零件：在工具栏中单击 镜像特征 图标，单击已完成的零件，在左边工具栏中弹出对话框，如图 7-45 所示在"特征"栏中单击选择零件中准备镜像的图素，每选一项对话框中则会出现此项的名称。在"镜像平面"选项中选中对称中心面后出现图 7-46 所示的画面，检查选择是否齐全，单击 ✔ 完成凹模零件的三维造型。模型正面如图 7-47 所示，模型背面如图 7-48 所示。

图 7-45　镜像特征

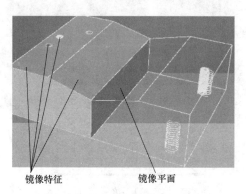

图 7-46　镜像

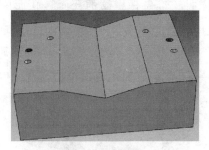

图 7-47　凹模正面

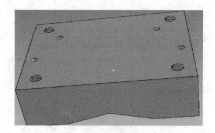

图 7-48　凹模背面

【课题实施】

1. 在下模座板上装凹模

打开 CAXA 实体设计软件，单击菜单中"装配"项，出现图 7-49 所示界面，单击"输入+"，出现查找文件的对话框，找到弯曲模 \ 下模座文件，即可把下模座调入画面，如图 7-50 所示。继续单击"输入+"，查找弯曲模 \ 凹模文件，如图 7-51 所示。可以看出凹模位置不对，单击凹模，凹模边界线变

图 7-49　装配项界面

成浅蓝色，单击三维球按钮 ，出现图 7-52 所示画面，用鼠标左键拖动上边红色外控制手柄将凹模拖出，如图 7-53 所示。左键单击外部空白处，取消轴向约束。按空格键剥离三维球，此时三维球蓝色的线变成白色，如图 7-54 所示画面；按中键旋转零件到能看到

凹模下面。将鼠标放在中心控制手柄上，此时红色的点变成黄色并出现一小手形状，如图7-55 所示，单击鼠标右键出现对话框，再单击"到中心点"后寻找图中圆柱销孔，待底边圆变绿后单击左键，凹模三维球变到小孔中心，如图7-56 所示，按空格键将三维球与凹模粘合，此时三维球线条又变成蓝色，如图7-57 所示。接着将鼠标放在中心手柄上单击右键出现对话框，如图7-58 所示用左键单击"到中心点"，按中键使画面旋转到可看到下模座板的上面时，用鼠标寻找下模座板上对应孔上边缘，待其变绿后，如图7-59 所示，单击左键确定。按<ESC>键退出三维球模式，如图7-60 所示。

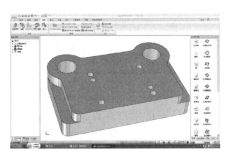

图 7-50　调入下模座

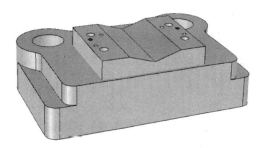

图 7-51　凹模

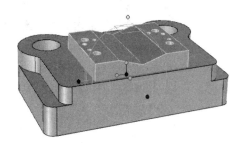

图 7-52　进入三维球模式

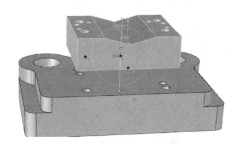

图 7-53　拖出凹模

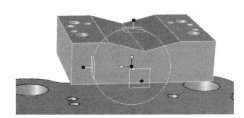

图 7-54　线变色

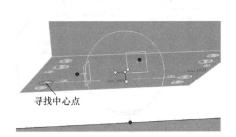

寻找中心点

图 7-55　点变色

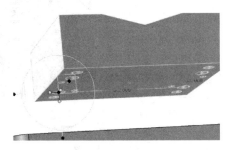

图 7-56　寻找中心点

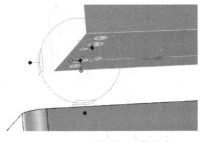

图 7-57　三维球与凹模粘合

| 编辑位置… |
| 按三维球的方向创建附着点 |
| 创建多份 ▶ |
| 到点 |
| **到中心点** |
| 到中点 ▶ |

图 7-58　"到中心点"

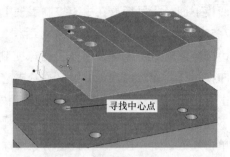

寻找中心点

图 7-59　将凹模放到中心点

安装螺钉：单击"**工具**"按钮，出现图 7-61 所示界面，单击其中"紧固件"拖入"设计环境"的空白处，弹出如图 7-62 所示的对话框，按图填写后单击"下一步"，弹出图 7-63 所示对话框，选择螺纹参数 M8×35。单击"确定"后内六角圆柱头螺钉进入画面，如图 7-64 所示，螺钉的位置并不是安装位置，需要将它翻转向上。左键单击螺钉，螺钉边界线变蓝后，按<F11>出现螺钉的三维球。将鼠标放在三维球的内控制手柄的水平手柄上，这个"内控制手柄的颜色变成黄色，如图 7-65 所示，然后单击鼠标右键，出现如图 7-66 所示对话框，单击"反转"，螺钉反转到如图 7-67 所示的装配位置。按住鼠标中键旋转画面使下模座板底面向上，并将螺钉拖动到方便看到的地方，如图 7-68 所示。用鼠标右键单击螺钉三维球的中心控制手柄，单击"到中心点"，用鼠标左键单击螺钉背台孔的下边界，如图 7-69 所示，螺钉即可装入，如图 7-70 所示。

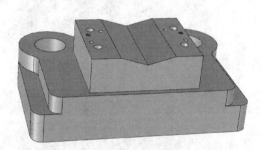

图 7-60　完成效果

图 7-61　工具界面

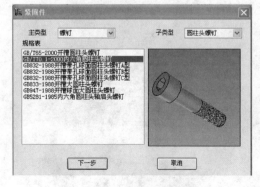

图 7-62　紧固件对话框

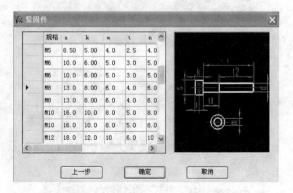

图 7-63　选择参数

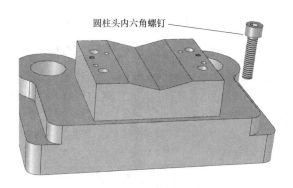

图 7-64　调入螺钉

图 7-65　螺钉三维球

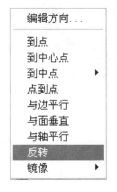

图 7-66　"反转"

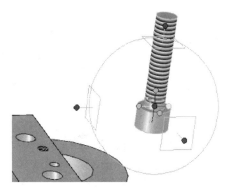

图 7-67　反转到装配位置

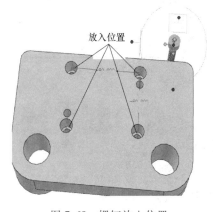

图 7-68　螺钉放入位置

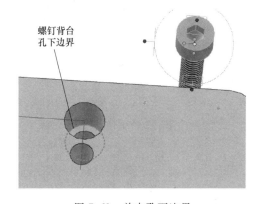

图 7-69　单击孔下边界

　　继续组装其他 3 个螺钉：将鼠标放在三维球上面四边形平面旁边，四边形变成黄色，如图 7-71 所示。右键拖动这个四边形出现如图 7-72 所示菜单，画面中"距离 1"和"距离 2"为 4 个螺钉孔 X 向和 Y 向的距离。单击菜单中"生成矩形阵列"，出现图 7-73 所示对话框，按照下模座板上的距离输入值。单击"确定"，4 个螺钉都已装配好，如图 7-74所示。

　　找正凹模位置（方法在项目三中已讲解）后将 4 个螺钉拧紧，以凹模销孔为基准配钻、铰下模座板销孔，打入定位销。本课题只讲安装定位销。

　　按住鼠标中键将画面反转，凹模朝上。左键单击右下角 图素 按钮，画面出现"智能图素库"菜单，拖动 图标进入"设计环境"空白处，并双击此圆柱体使之出现带 6 个红色手柄的包围盒状态。将鼠标放在圆柱顶端的手柄处，该手柄变成黄色，并弹出快捷菜单，如图 7-75 所示。单击"编辑包围盒"弹出如图 7-76 所示对话框，填写对话框，单击"确定"。在空白处单击左键退出包围盒编辑状态。

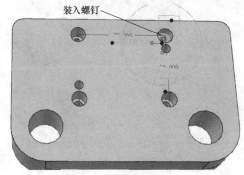

图 7-70　装入螺钉

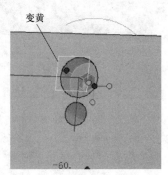

图 7-71　四边形变色

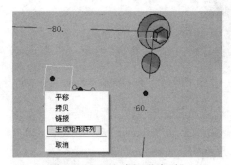

图 7-72　"生成矩形阵列"

图 7-73　输入值

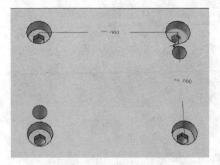

图 7-74　装入螺钉

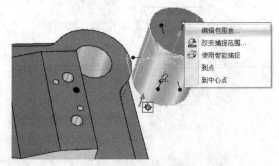

图 7-75　"编辑包围盒"

　　下面给销加圆角。单击菜单栏中"特征"，工具条显示"特征"状态，单击其中"边倒角"，如图 7-77 所示，选圆柱销上、下两条边，如图 7-78 所示。左边工具条跳出另一"工具条"，如图 7-79 所示，距离改为 1mm。单击上面绿色对勾（图中画

图 7-76　填写尺寸

圈处），倒角即可生成。为了更清楚地看销，可以改变它的颜色，单击"智能图素库"右下角 ▼ 图标后出现工具条，如图 7-80 所示。单击"表面光泽"后出现其工具条，如图 7-81 所示。拖动 图标至图中圆柱销，该圆柱销即变成黑色，如图 7-82 所示。单击圆柱销，按<F11>键出现圆柱销的三维球，鼠标放在内控制手柄处单击右键单击对话框中"反转"使三维球的中心控制手柄在上面，在中心控制手柄处单击鼠标右键，再单击对话框中"到中心点"即可安装销，如图 7-83 所示。鼠标右键拖动圆柱销上面外控制手柄处的四边形，弹出快捷菜单，如图 7-84 所示。单击菜单中"链接"，弹出另一对话框，按下模座板图样尺寸填写对话框，如图 7-85 所示，单击"确定"。此时两个销装配成功，如图 7-86 所示。

图 7-77　"边倒角"

图 7-78　选择边

图 7-79　工具条

图 7-80　工具条

图 7-81　"表面光泽"

图 7-82　圆柱销变为黑色

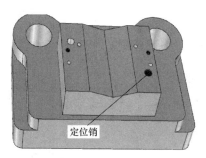

图 7-83　安装销

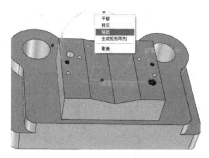

图 7-84　"链接"

图 7-85　填写尺寸

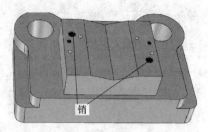

图 7-86　装入两个销

2. 安装下模架

单击菜单中"装配"，工具栏出现如图 7-49 所示界面。单击"输入+"，出现查找文件的对话框，找到文件"弯曲模 \ 导柱"，如图 7-87 所示。可以看出导柱位置不对，左键单击导柱，导柱边界线变成浅蓝色，单击三维球按钮 ，在如图 7-88 所示画面用鼠标左键拖动上边红色外控制手柄将导柱拖出，如图 7-89 所示。用左键单击左边外控制手柄约束其变黄的轴线，如图 7-90 所示。将鼠标放在三维球的圆周内，鼠标键变成一小手的形状，拖动鼠标右键出现图 7-91 所示菜单，单击"平移"出现另一对话框，在对话框中输入角度"90"，如图 7-92 所示，单击"确定"，导柱即可旋转至正确位置，如图 7-93 所示。鼠标左键单击空白处取消轴向约束。将鼠标放置在红色的中心控制手柄，红色手柄变成黄色后，单击右键出现快捷菜单，如图 7-94 所示。用左键单击"到中心点"，在整个画面的适当处按住鼠标中键或滚轮使下模座翻转至下面朝上，将鼠标左键放置在导柱孔底面边界，使边界变成绿色时，如图 7-95 所示。单击鼠标左键，导柱即装配完成，如图 7-96 所示。按住鼠标中键旋转，使三维球朝向另一导柱孔的外控制手柄，如图 7-97 所示，鼠标放在朝向另一导柱孔的外控制手柄上，拖动右键出现菜单，如图 7-98 所示。单击"链接"出

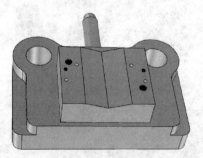

图 7-87　导柱

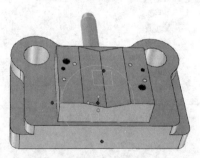

图 7-88　三维球

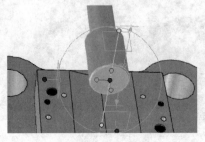

图 7-89　拖出导柱

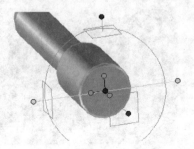

图 7-90　加约束

现对话框，按图 7-99 所示填写数字，单击"确定"，另一导柱也已装配成功。按<ESC>键取消三维球约束。保存下模架，如图 7-100 所示。

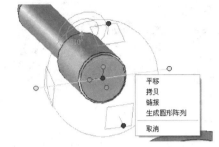

图 7-91　快捷菜单

图 7-92　输入角度

图 7-93　导柱旋转至位置

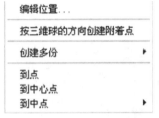

图 7-94　"到中心点"

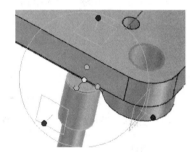

图 7-95　边界变色

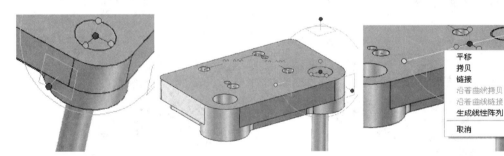

图 7-96　导柱装配完成　　　　图 7-97　三维球　　　　图 7-98　快捷菜单

图 7-99　输入数字

图 7-100　下模架

3. 组装上模架

以同样的方法调入上模座板和导套，利用三维球将导套拖离上模座板，把鼠标放在内控制手柄中与导套轴向平行的手柄上，此时，该手柄变成黄色，如图 7-101 所示。右键单击该手柄出现菜单，如图 7-102 所示，左键单击"与轴平行"，寻找上模座板上导柱孔，待导柱孔变绿后单击左键，此时导柱垂直于上模座板，如图 7-103 所示，在空白处单击左键取消轴向约束。用鼠标右键单击中心控制手柄，出现菜单如图 7-104 所示，左键单击"到中心点"，寻找上模座板上导柱孔的中心点，待座板上导柱孔上边变绿后单击左键即可完成装配，如图 7-105 所示。用鼠标右键拖动朝向另一导柱孔的外控制手柄，出现图

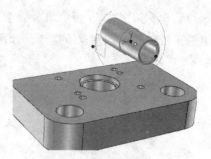

图 7-101　放置鼠标

7-106 所示快捷菜单，单击"链接"后出现对话框，如图 7-107 所示，填写"140"后单击"确定"，即完成两导柱孔的装配，如图 7-108 所示。按<ESC>退出三维球装配模式。

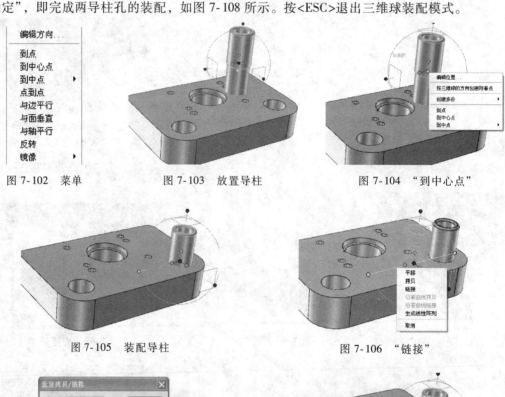

图 7-102　菜单　　　　　图 7-103　放置导柱　　　　　图 7-104　"到中心点"

图 7-105　装配导柱

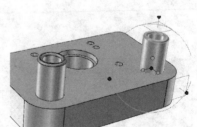

图 7-106　"链接"

图 7-107　输入值　　　　　　　　　　　图 7-108　装配两导柱

　　装模柄：继续调入模柄，如图 7-109 所示，模柄的位置不正，单击模柄后按<F11>调出零件三维球。鼠标放到三维球中间手柄处单击右键，在菜单中选择"到中心点"，寻找上模座板上模柄台阶孔的圆，单击"确定"，如图 7-110 所示。然后按<ESC>退出。

　　装止转销：方法如前。保存图纸——上模架。

图 7-109 调入模柄

图 7-110 装配完成

4. 组装凸模

单击菜单栏→"文件"→"新文件"→"设计"→"确定"→"新设计环境"对话框→"公制"→
蓝色坐标系→"确定"。

单击"输入+"调入凸模和凸模固定板。若位置不对，按住鼠标中键旋转至方便看图，
单击凸模按<F11>调出凸模的三维球，如图 7-111 所示。鼠标放在三维球水平方向的内控制
手柄上，如图 7-112 所示。单击右键弹出菜单，单击其中"翻转"选项，鼠标放在中心控制
手柄上，单击右键出现菜单，如图 7-113 所示。左键单击"到点"后选择凸模固定板上的角
点。完成安装后如图 7-114 所示。按<ESC>退出三维球模式。单击"文件"→保存"凸模与
固定板"文件。

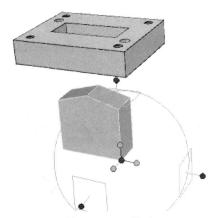

图 7-111 三维球

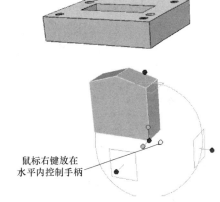

鼠标右键放在
水平内控制手柄

图 7-112 放置鼠标

选择到
固定板角点

编辑位置...

按三维球的方向创建附着点

创建多份

到点
到中心点
到中点

图 7-113 "到点"

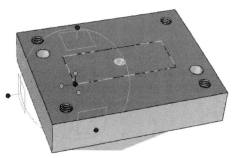

图 7-114 完成装配

5. 整体装配

单击"输入+"调入下模架和上模架。调入后若位置不对，如图 7-115。在历史树的工具条中单击新调入的组件上模架，如图 7-116 所示显示蓝色的"装配 50"，当该组件显示蓝色后，按<F11>则显示该组件三维球。拖动三维球上部外控制手柄将上模架脱开，如图 7-117 所示。在空白处单击鼠标左键取消轴向约束。按空格键剥离三维球，单击鼠标右键弹出菜单，选择"到中心点"→选择导套端部圆边界→按空格键粘合三维球到上模架，如图 7-118 所示，在三维球中心控制手柄单击右键，弹出菜单，选择"到中心点"→选择导柱上端面圆边界，上、下模架即已对正，如图 7-119 所示。单击"输入+"查找凸模与固定板，将其调入，调入后若位置不对，在历史树的工具条中单击新调入的组件凸模与固定板，如图 7-120 所示显示蓝色的"装配 51"，当该组件如图显示蓝色后，按<F11>则显示该组件的三维球。拖动三维球上部外控制手柄将上模架脱开，如图 7-121 所示，按<ESC>取消三维球模式。在凸模与固定板线框为黄色的情况下，单击设计环境上方工具条中 定位约束 图标，弹出对话框如图 7-122 所示。把"约束类型"改为"贴合"，"偏移量"改为 0mm。之后选择凸模下面的一个斜面，如图 7-123 所示，再选择与凹模对应的面，如图 7-124 所示。单击图 7-122 中的 ✓ 结果如图 7-125 所示，零件并未完全约束，另一斜面也用同一方法进行约束，如图 7-126 所示。

下面进行 Y 向约束。单击"输入+"查找定位板，将其调入。用前面所讲的方法将其拖拽到可以看见的地方，如图 7-127 所示。查看三维球的中心控制手柄使其在销孔中心，

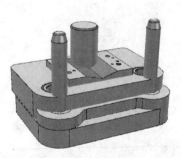

图 7-115　调入上模架和下模架

图 7-116　"装配 50"

图 7-117　将上模架脱开

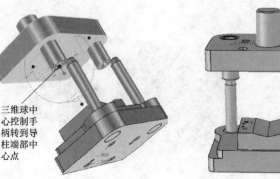

三维球中心控制手柄转到导柱端部中心点

图 7-118　粘合三维球到上模架

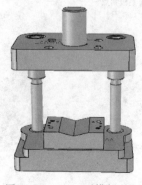

图 7-119　上、下模架对正

图 7-120　"装配 51"

图 7-121　将上模架脱开

图 7-122　定位约束对话框

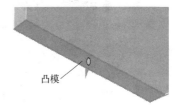

图 7-123　选择凸模斜面

图 7-124　选择凹模对应斜面

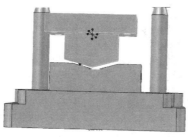

图 7-125　完成约束一

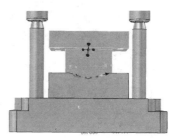

图 7-126　完成约束二

用鼠标右键单击中心控制手柄，在弹出的菜单中单击"到中心点"，找到凹模上对应销孔的中心并单击鼠标左键。右击定位板装配完成，如图 7-128 所示。单击定位板按<F11>出现三维球，按空格键剥离三维球，右键单击三维球中心控制手柄，左键单击"到点"，再单击凹模前中间点，如图 7-129 所示按空格键粘合三维球于定位板，此时定位板的三维球并不在定位板上，而是在凹模的对称中心点上，如图 7-130 所示。把鼠标放在内控制手柄的水平手柄（黄色）处单击右键，弹出菜单，如图 7-131 所示，左键单击"镜像"→"链接"，即生成了左边定位板，如图 7-132 所示。

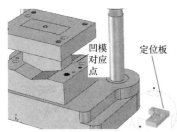

图 7-127　调入定位板

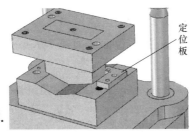

图 7-128　定位板装配完成

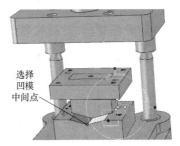

图 7-129　选择凹模中间点

安装螺钉 M5×16。单击右下角"工具"，拖动紧固件到设计环境空白处，填写对话框，选择 M5×16 内六角圆柱头螺钉，在空白处调入螺钉，按<F11>调出螺钉的三维球，如图 7-133 所示。用鼠标右键单击中心控制手柄，在弹出的菜单上单击"到中心点"，选择定位板上螺钉孔上圆圈，螺钉装配完，如图 7-134 所示，同样装另一边螺钉。装配完毕如图 7-135 所示。

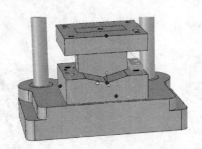

图 7-130　粘合三维球于定位板

图 7-131　"镜像"

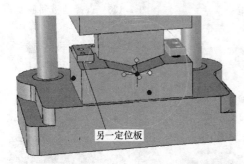

图 7-132　生成左边定位板

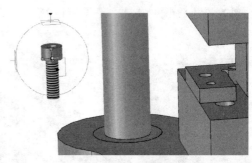

图 7-133　调入螺钉

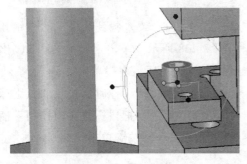

图 7-134　装上螺钉

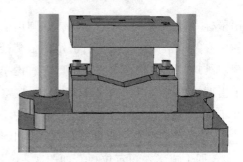

图 7-135　螺钉装配完毕

　　定位凸模 Y 向：放大凸模与定位板可以看出干涉。单击凸模与固定板组件单击 定位约束，选择凸模定位面和定位板定位面，如图 7-136 所示，单击"贴合"→ ✔，安装完毕，如图 7-137 所示。

图 7-136　选择定位面

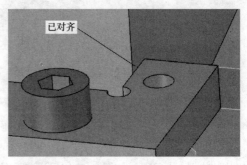

图 7-137　定位完毕

安装凸模垫板：单击"输入+"调入凸模垫板，如图 7-138
所示。单击凸模垫板后按<F11>调出该零件的三维球，如位置
不对，可反转零件，将三维球中心控制手柄粘合到特殊孔位处，
找到凸模固定板上相应的孔中心点，右键选择到该点即可。按
<ESC>退出三维球模式。

贴合上模架：单击上模架后单击 定位约束，选择上模架
底面，即垫板贴合面，如图 7-139 所示，选择"贴合"后单击

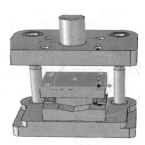

图 7-138　调入凸模垫板

，装配成功，如图 7-140 所示。

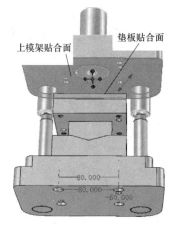

图 7-139　选择上模架底面

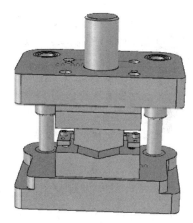

图 7-140　贴合完毕

安装螺钉、销：单击右下角"工具"，拖动紧固件到设计环境空白处，在弹出的对话
框中选择"螺钉"→"内六角圆柱头螺钉"→M8×50→调入螺钉，按<F11>调出三维球，如
图 7-141 所示，选择模板上螺钉台阶孔下边界，螺钉装配完毕，如图 7-142 所示。

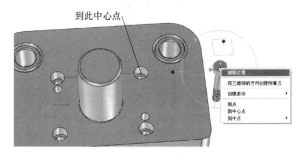

图 7-141　调入螺钉

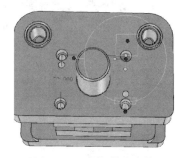

图 7-142　螺钉装配完毕

安装其他三个螺钉：用鼠标右键拖动上面四边形，单击"生成矩形阵列"，如图7-143
所示，按照上模板图样填写尺寸，如图 7-144 所示，单击"确定"，完成装配，如图 7-145
所示。

安装上模板定位销：单击右下角"图素"，拖动圆柱体进入设计环境，双击圆柱体显示
"包围盒"，单击"编辑包围盒"，如图 7-146 所示，填写尺寸如图 7-147 所示，单击确定。

定位销倒角：单击菜单栏 特征 →"边倒角" ，选择上、下两条边，如图 7-148 所

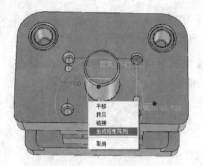

图 7-143 "生成矩形阵列"

图 7-144 填写尺寸

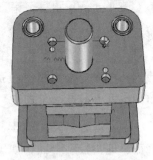

图 7-145 螺钉装配完毕

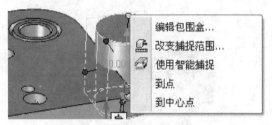

图 7-146 编辑包围盒菜单

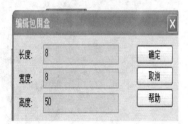

图 7-147 填写尺寸

示，距离选"1mm"，单击"确定"，即生成销。单击圆柱销，按<F11>调出三维球，右键单击内控制手柄，反转使三维球中心控制手柄在圆柱销的中心点，单击空白处取消轴向控制，用鼠标右键单击中心控制手柄，在弹出菜单上"到中心点"，选择上模座板上对应销孔上边中心点，如图 7-149 所示。安装完毕。继续安装另一圆柱销，鼠标右键拖动已装配的圆柱销三维球上四边形，在弹出菜单中单击"链接"，如图 7-150 所示，填写参数，如图 7-151 所示。单击"确定"，完成安装。如图 7-152 所示。

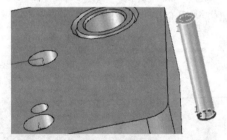

图 7-148 边倒角

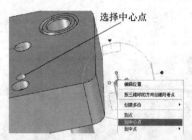

图 7-149 调入圆柱销

图 7-150 "链接"

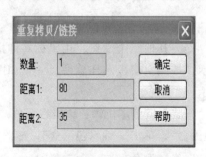

图 7-151 填写参数

安装凹模与定位板上的定位销：在试模后拆掉下模架，只留下凹模与定位板连接在一起，以凹模已切出的孔为基准配钻、铰定位板上的孔。在这里我们"隐藏"其他零件代替"拆去"，为了方便看零件，把特征树中零件或组件的名称改为零件名称，如图 7-153 所示。选择上模所有零件，单击工具栏"装配"，即组装上模，如图 7-154 所示，单击"上模"→"压缩"，即可隐藏上模，如图 7-155 所示。下模中留下凹模、定位板、螺钉其他零件，如图 7-156 所示，压缩后如图 7-157 所示。被压缩零件在特征树中变成浅色，设计环境中已经不显示被压缩零件，如图 7-158 所示。

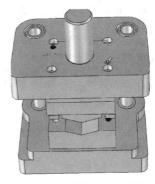

图 7-152　圆柱销安装完成

图 7-153　改零件名称

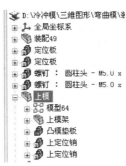

图 7-154　组装上模

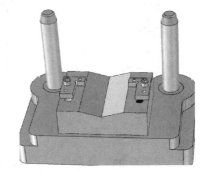

图 7-155　隐藏上模

图 7-156　隐藏上模后的特征树

图 7-157　压缩下模

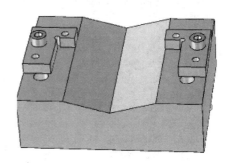

图 7-158　压缩零件不显示

实际工作中需先翻转凹模与定位板，以凹模已切割的销孔配钻、铰孔定位板上的销孔。我们直接安装销，拖动智能图素库中的圆柱销，双击零件，编辑包围盒（$\phi4\times25$），倒圆柱销两端角 C0.5，单击圆柱销后按<F11>调出三维球，如果中心控制手柄在上边可直接装配，如果在下边则需反转。方法：用右键单击三维球水平的内控制手柄，在弹出菜单中单击"反转"→"确定"。在空白处单击鼠标左键取消水平轴控制。用鼠标右键单击中心控制手柄，在弹出菜单中单击"到中心点"，选择定位板上对应的销孔上边界即可。用同一方法装配同一定位板上另一销。单击智能图素库中的"表面光泽"，拖拽"亮黑色"到已装配的销上以示区别，如图 7-159 所示。

装配另一边销：将两个销组成"装配体"：按住<SHIFT>键，在特征树中单击两只销（把零件名称改为"销钉"）使之变成蓝色，如图 7-160 所示，单击工具栏"装配"

，即可生成新的装配体，如图 7-161 中"装配 73"，按<F11>调出三维球，按空格键剥离三维球，用鼠标右键单击中心控制手柄，在弹出菜单中单击"到点"，选凹模上对称中心点，如图 7-162 所示，按空格键粘合三维球。用鼠标右键单击三维球的水平内控制手柄，在弹出菜单中单击"镜像"→"链接"，如图 7-163 所示，生成了镜像零件，销装配完毕。按<ESC>退出三维球模式。

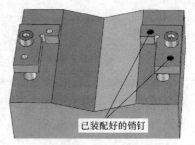

图 7-159 销钉加颜色

图 7-160 改零件名称

图 7-161 "装配 73"

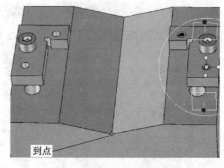

图 7-162 选择中心点

把隐藏的零件解压缩：在特征树中找到被压缩的零件，单击零件，右击后在快捷菜单中单击"解压缩"，如图 7-164 所示。完成整套模具的装配如图 7-165 所示，最后保存弯曲模文件。

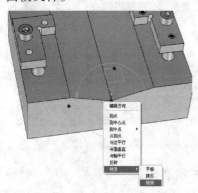

图 7-163 "链接"

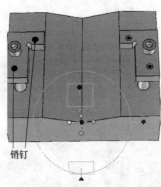

图 7-164 解压缩

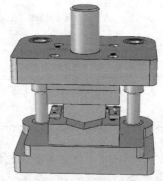

图 7-165 完成整套模具的装配

6. 干涉检查

鼠标选取所有零件，在菜单栏里单击"工具"→ 干涉检查 图标，弹出如图 7-166 所示对话框，列出干涉零件部位。将实体零件变成透明状，部分零件干涉部分显示红色加亮，如图 7-167 所示，以纠正干涉部分的错误。

说明：零件的螺纹孔是按照真实螺纹做出的，而从智能图素库中调出的螺钉螺纹是按大径做出后"贴图"显示的，因此会与螺纹孔发生干涉，如图 7-166 和图 7-167 所示。在这里可以忽略不计。

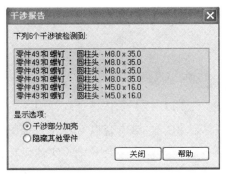

图 7-166 干涉报告

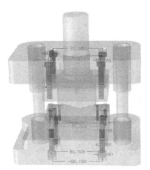

图 7-167 显示干涉部位

 【课题解析及评价】

在学习模具的初级阶段，三维零件及其装配对操作者直观且真实，易学易懂。本课题要求用 CAXA 实体设计软件对弯曲模进行装配，对模具的装配有感性认识。使用三维软件进行模具装配，省去了制造实际零件的时间，不必在学习过程中搬动很重的模具零件或整套模具，还可节约资金。

在这个课题中，首先要学习单个零件三维造型的基本功能，如：草图的绘制、拉伸增料、拉伸除料；利用智能图素库拖放基本实体、紧固件等；使用三维球的功能造型、装配；编辑功能：镜像、阵列等。并能利用这些基本功能对模具零件三维造型，把模具零件装配成整体的模具。课题任务考核由上机操作按步骤考核评分。

 【想想练练】

 想一想：

1. 三维球的特点是什么？
2. 三维球都有什么作用？

 练一练：

1. 根据"单工序冲裁模"等零件图，用 CAXA 实体设计软件对该模具进行三维建模。
2. 根据"单工序冲裁模"等装配图，用 CAXA 实体设计软件对该模具进行模拟装配。

课题三 软件应用装配实例——塑料模

 学习目标

对塑料模的装配有感性认识；能正确使用软件；利用"三维球装配""定位约束装配"、"无约束装配"对模具进行装配。

友情提示：本课题建议学时为 4 学时

 【知识描述】

前面讲了塑料模的装配工艺，在本课题中我们要用 CAXA 实体设计软件中三维球的装配方式对塑料模进行装配，从而对塑料模有进一步认识。本章内容以 CAXA 二维图板实例中的一套塑料模为例，使操作者学会基本的建模及装配方式，体会 CAXA 实体设计在塑料模装配中的应用。

 【知识链接】 旋转零件的三维图型建立

看如图 7-168 所示型芯图，做出三维图形：依据 CAXA 二维图板的电子图样我们很快做出三维立体图。方法如下：打开 CAXA 实体设计软件，创建一个新的设计文件，单击"确定"，选择"设计环境" ![蓝色坐标系]，单击"确定"，进入设计环境，在菜单栏单击"特征"→ ![旋转]图标，生成一个新零件，如图 7-169 所示。在随后弹出的对话框中选择"在 X-Y 平面"，如图7-170所示，设计环境变成二维环境（有网格平面）。右击后弹出对话框，如图 7-171 所示，单击 ![输入...]，在存放文件的文件夹下查找文件"型芯"，弹出如图 7-172 所示的画面，左侧对话框中关掉不需要的图层（图纸要事先分好层），如图 7-173 所示，右侧图形只剩下需要的图形，如图 7-174 所示，单击"确定"。调入的画面如图 7-175 所示，但画面的图形还不是我们想要的，图形不封闭且不在原点，旋转轴不在 Y 轴上，因为 CAXA 实体设计软件的旋转都是以 Y 轴为旋转轴且需线框封闭，因此，我们要编辑画面。

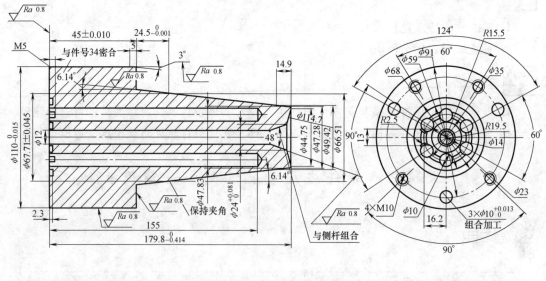

图 7-168 型芯图

图 7-169　新生成一个独立的零件

图 7-170　选择"在 X-Y 平面"

图 7-171　"输入"

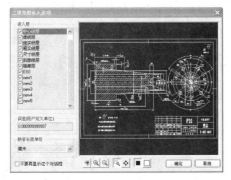

图 7-172　读入选项

图 7-173　关掉不要的图层

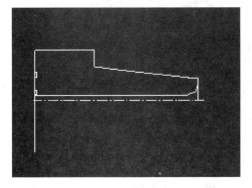

图 7-174　草图图形

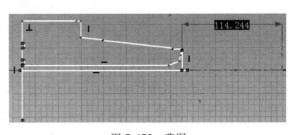

图 7-175　草图

测量出要移动的距离（114.244mm）后（如图上标注的尺寸），框选出所有图素，弹出对话框，如图7-176所示，单击"平移" 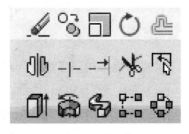，在"模式"选项中点选"拖动实体"，如图 7-177 所示，在"参数"选项中填写 **X(mm)** ‖ 114.244 ‖，单击回车键或 ✓，得到如图 7-178 所示的画面。

图 7-176　工具

图 7-177 点选"拖动实体"

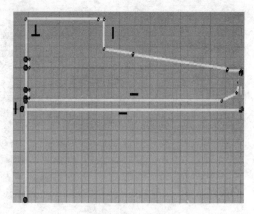

图 7-178 草图

单击 ✄裁剪，剪掉没用的线，检查线框是否封闭（没有显示红点即为封闭），如图 7-179 所示。框选出所有图素，单击"动作"对话框中的"旋转 ↻"，在"参数"选项中填写"-90°"，单击回车键确定。单击"草图"完成 ✔，填写"旋转角度"为"360°"，如图 7-180 所示，单击 ✔ 完成，如图 7-181 所示。

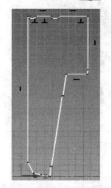

图 7-179 修剪线

图 7-180 填写旋转角度

图 7-181 完成立体模型

做 4×M11 螺钉孔（底孔 φ8.5×55）：单击 ◻ 拉伸图标，在"选项"中点选 ◉从设计环境中选择一个零件，单击已生成的零件，在弹出的对话框中选择"草图平面"→"2D 平面"→单击零件底面，如图 7-182 所示，在选好的平面上单击鼠标右键后弹出如图 7-183 所示的对话框，单击"输入"，查找"型芯"并打开，弹出如图 7-184 所示对话框，选择我们所要的图层，选择如图 7-184 所示，单击 ✔ 完成。画面不需进行编辑，按图 7-185 所示填写选项，单击 ✔ 完成。孔已做出，如图 7-186 所示。同理做出 6×φ11×155。

不封口槽也采用同样方法，单击 ◻ 拉伸，在"选项"中点选 ◉从设计环境中选择一个零件 单击已生成的零件，在弹出的对话框中选择"草图平面"→"2D 平面"，单击零件底面，如图 7-182 所示在选好的平面上单击鼠标右键后弹出对话框，如图 7-183 所示，单击"输入"，查找"型芯"并打开，在弹出如图 7-187 所示对话框中选择我们所要的图层，然后单击完成确定。编辑图形使其封闭，如图 7-188 所示。

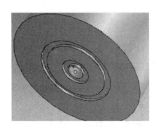

图 7-182　选择零件底面

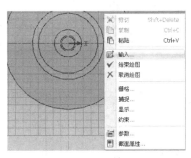

图 7-183　"输入"

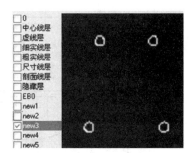

图 7-184　选择图层

图 7-185　改变点

图 7-186　做出孔

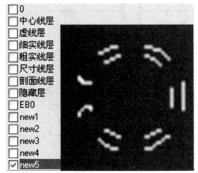

图 7-187　选择图层

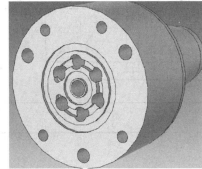

图 7-188　使图形封闭

图 7-189　修改参数

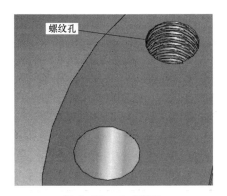

图 7-190　生成螺纹

图 7-191　完成型芯

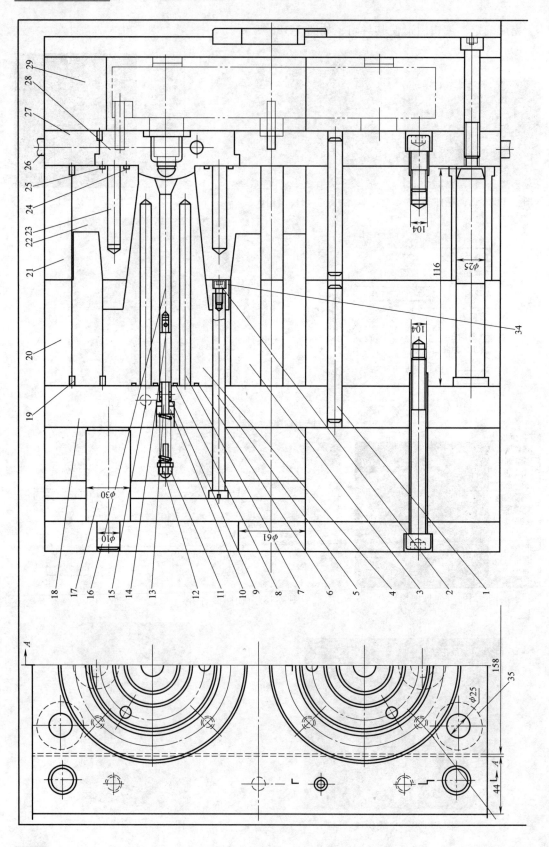

序号	名称	数量	材料	热处理	规格	标准
18	支撑板	1	45	30-34HRC		
17	支撑柱	2	45	38-42HRC		
16	阀杆	2	P20	44-48HRC		
15	管接头	4			M12	
14	销	2	45		3m6	GB/T 119—2000
13	连接杆	2	45	30-34HRC		
12	直形螺母	2			M6	
11	弹簧	2	65Mn		9x1.2r45	GB/T 2089—2009
10	螺纹套	2	45			
9	胶圈	2			$\phi14\times4$ $\phi6$中孔	
8	密封圈	2			$\phi3$截面胶圈	
7	隔水片	12	45		154r1ϕr2	
6	密封圈	2			$\phi3$截面胶圈	
5	推杆	6	45	38-42HRC		
4	型芯	2	P20	44-48HRC		
3	动弹螺套	2	45	40-44HRC		
2	螺钉	6			M6×14	GB/T 70.1—2008
1	铆	4			12m6×115	GB/T 119—2000
序号	名称	数量	材料	热处理	规格	标准

制图　(姓名)　(日期)　　　　航空杯注射模　　　比例 1:1

审核　　　　　　　　　　　　　　　　　　　标准

(校名)　　　　　学号　　　　　　　　　　　(图号)

序号	名称	数量	材料	热处理	规格	标准
29	垫块	2	45			
28	定模镶块	2	P20	44-48HRC		
27	定模垫板	1	45	30-34HRC		
26	管接头	8	45			
25	密封圈	2			$\phi3$截面胶圈	
24	密封圈	2			$\phi3$截面胶圈	
23	隔水片	12	45		70r12r3	
22	定模镶套	2	P20	44-48HRC		
21	定模板	1	45			
20	动模板	1	45			
19	螺钉	8			M5r1	GB/T 73—1985

图 7-192　塑料模装配图

攻螺纹：单击工具栏中![螺纹]螺纹图标，再单击已成形的零件，弹出曲面对话框，单击工件上需要做出螺纹的圆柱孔面，此时孔面变成绿色，如图 7-189 所示修改所需参数，在草图对话框中选择"在 X-Y 平面"，在二维草图平面画三角形螺纹截面图单击 ✓ 确定，其他参数按图 7-188 填写，单击 ✓ 确定完成，如图 7-190 所示生成螺纹。同理生成其他螺纹，图 7-191 为完成的型芯图形。

 【课题实施】

图 7-192 是一套塑料模装配图，看懂图样，用 CAXA 实体设计软件按照装配关系把零件（三维图已做好）装配成整套模具。

1. 定模部分装配

打开 CAXA 实体设计软件，单击菜单栏"装配"→"输入" ![输入]，打开定模板、定模镶套，如图 7-193 所示，可以看出位置不对，需调整位置。单击定模镶套按<F11>调出三维球，如图 7-194 所示。用鼠标右键单击三维球上面的内控制手柄，用鼠标左键单击"与面垂直"选项，生成如图 7-195 所示的图形，并在空白处单击鼠标左键取消轴向控制，用鼠标右键单击"中心控制手柄"，在弹出菜单中选择"到中心点"后单击"定模板上与之对应的圆，生成图 7-196 所示的图形用鼠标右键拖动下面的外控制手柄，单击"链接"，输入"185"单击确定，两个定模镶套已装好。在工具栏中单击"输入 ![输入]"，定模镶块用上面同样的方法装配（定模镶块在这里装配是要配研间隙），如图 7-197 所示。保存图纸"定模部分"。

2. 安装动模部分

在工具栏中单击"输入 ![输入]"，打开动模板、动模镶套，如图 7-198 所示，可以看出位置不对，需调整位置，单击动模镶套按<F11>调出三维球，用鼠标左键拖动三维球的外控制手柄将零件拖出，按空格键剥离三维球后，用鼠标右键单击中心控制手柄，在弹出菜单中选择"到中心点"后选择动模镶套下面圆弧，如图 7-199 所示。再次按空格键粘合三维球。用鼠标右键单击三维球上面的内控制手柄，单击"与面垂直"，左键选择动模板端面，如图 7-200 所示，查看零件方向是否正确，如方向不正确可再用鼠标右键单击内控制手柄，在对话框中选择"反转"，并在空白处单击鼠标左键取消轴向控制，用鼠标右键单击中心控制手柄，如图 7-201 所示，在弹出菜单中选择"到中心点"后单击动模板与之对应的圆，用右键拖动下面的外控制手柄，单击"链接"，如图 7-202 所示。在弹出的对话框中输入"185"，单击确定。两个动模镶套已装好，如图 7-203 所示，保存图纸"动模部分"。在工具栏中单击"输入 ![输入]"，型芯用上面同样的方法装配，如图 7-204 所示，保存图纸。

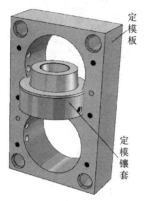

图 7-193　打开定模板、定模镶套

图 7-194　调出三维球

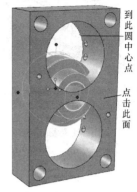

图 7-195　与面垂直

图 7-196　对齐中心点

图 7-197　装好定模镶套

图 7-198　打开动模板、动模镶套

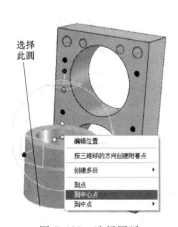

图 7-199　选择圆弧

图 7-200　"与面垂直"

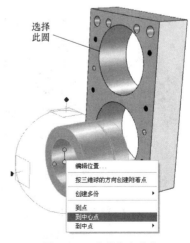

图 7-201　"到中心点"

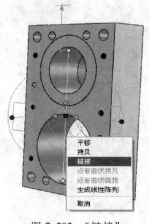

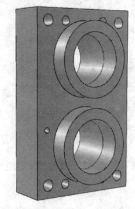

图 7-202 "链接" 图 7-203 装好动模镶套 图 7-204 装配型芯

3. 装配导柱、导套、合模并检查间隙

（1）装配导柱 在实际工作中要先把动、定模配研紧固后，同镗导柱、导套孔。在这里我们只讲用软件装配的方法。

在工具栏中单击"输入" 打开导柱，单击导柱，使其边界变成浅蓝色，单击 无约束装配，并把鼠标放在导柱端部出现一个黄色箭头，单击左键，如图 7-205 所示，将鼠标放到动模板要装配的孔上也会出现一个黄色的箭头，两箭头方向应相同，如方向可不同按<TAB>键调整方向，如图 7-206所示，单击左键确认，如图 7-207 所示。其余导柱也可用此方法装配，或用三维球外控制平面的"生成矩形阵列"也可以，装配后如图 7-208 所示。

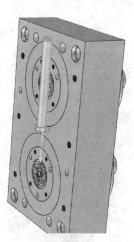

图 7-205

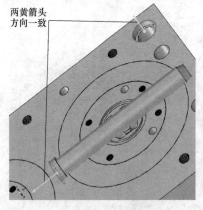

两黄箭头
方向一致

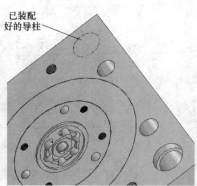

已装配
好的导柱

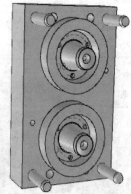

图 7-206 图 7-207 装好一导柱 图 7-208 装好所有导柱

（2）装配导套 打开图样"定模部分"，单击工具栏中"输入" ，导套用上面同样的方法装配。装配好一个导套后，用鼠标右键拖拽三维球上面的四边形平面，在菜单中选择"生成矩形阵列"，如图 7-209 所示，弹出"矩形阵列"对话框，尺寸按两维图样中相关的尺寸数字填写，如图 7-210 所示，单击"确定"。检查图形发现一个导柱安装尺寸不对，如图 7-211 所示。查看二维图样，如图 7-212 所示，图中画椭圆圈的导柱孔位并非对称，其中一孔位有 2mm 的错位，是为了避免不对称型腔装配时发生位置调转的凸、凹模干涉引起的模具损坏有意而为。框选全部零件后单击工具栏中 干涉检查，干涉部分变成红色，其余为无色透明状，如图 7-213 所示。从特征树中找到该零件，如图 7-214 所示。单击鼠标右键弹出快捷菜单，左键单击"压缩"，图中该零件消失。也可用"无约束装配"重新装配。装配后如图 7-215 所示。继续单击"输入" 输入，打开推件环，用上面同样的方法进行装配，如图 7-216 所示，看清推件环的方向，装配后如图 7-217 所示。保存图纸。

图 7-209　"生成矩形阵列"

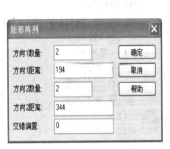

图 7-210　填写参数

图 7-211　孔安装尺寸不对

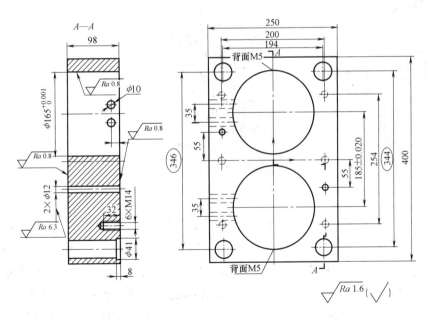

图 7-212　二维图样

（3）组装阀杆、连接杆　单击"文件"→"新建"→"设计"→"确定"，选择设计环境后确定，单击"输入" 输入 打开阀杆。继续单击"输入" 输入 打开连接杆，在特征树中改名。单击连接杆，单击 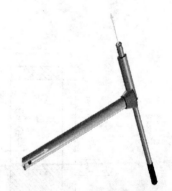，用鼠标单击连接杆上圈出现的黄色箭头，鼠标在阀杆安装部位出现绿色边缘和黄色箭头，如图 7-218 所示，单击左键，如图 7-219 所示利用三维球旋转功能将连接杆与阀杆上的销孔对正，如图 7-220 所示，单击"定位约束"，选择如图 7-221 所示的两个圆孔面，在特征树的对话框中选择"同轴"后单击✓，如图 7-222 所示。装配后的组件如图 7-223 所示。将装好的组件装到动模部分。

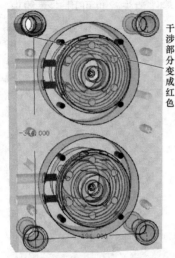

图 7-213　干涉部分变成红色

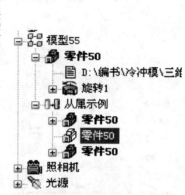

图 7-214　零件特征

图 7-215　压缩零件

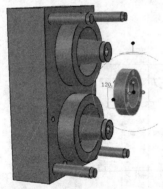

图 7-216　装配推件环

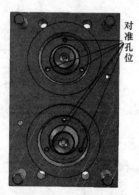

图 7-217　装配后

图 7-218　连接杆出现黄色箭头

（4）合模、检查间隙　单击"文件"→"新建"→"设计"→"确定"，选择设计环境后确定，单击"输入" 打开定模部分。继续单击"输入" ，打开动模部分，在特征树中把第一个装配组件改为"定模部分"，第二个装配组件改为"动模部分"，如图 7-224 中黑框部分。为了防止安装错误，我们把动、定模特殊位置的导柱、导套孔做出标记，把它们的表面抽取线或表面。方法：单击菜单栏中"曲面"→"抽取曲线" ，单击特殊位置导柱、导套上的一条边，单击✓即可。利用三维球将动模部分拖开，看看做好标记的导柱、导套是否对应，如不对应用三维球的反转、旋转等功能使之相对应，如图 7-225 所示。单击组件"动模部分"，单击工具栏中 定位约束，选"动模部分"做标记的导柱表面变成浅绿颜色，再单击导柱孔，边缘变成绿色，如图 7-226 所示。在"特征树"的对话框中选择"同轴"后单击 ✔ 确定，如图 7-227 所示。单击"动模部分"调出三维球，拖动三维球外控制手柄使导柱插入导套内，框选出所有零件单击菜单栏"工具"→ 🔲 干涉检查，弹出对话框显示"没有发生干涉"，如图 7-228 所示，单击"确定"。

图 7-219　阀杆出现黄色箭头

图 7-220　销孔对正

图 7-221　选择圆孔面

图 7-222　选择"同轴"

图 7-223　装配后组件

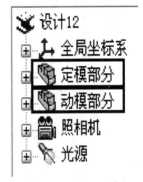

图 7-224　改名

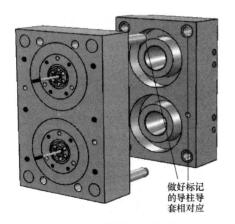

图 7-225　导柱、导套对应

图 7-226　导柱表面变色

　　（5）安装定模垫板、定模座板　拆去定模镶块，用三维球等安装方法安装隔水片（用圆柱代替）、密封圈（用圆环代替）、止转螺钉等零件。安装完毕后，再将定模镶块安装到定模板上，如图7-229所示。

　　打开定模部分，单击"输入" ，打开动模垫板，用三维球功能拖开调入的零件，用"定位约束"中的"同轴"命令使定模垫板上的定位镶块座孔与定位镶块的外圆相对应，用"定位约束"中的"贴合"命令使定模板和定模垫板的面贴严，如图7-230所示。打开"智能图素库"中的"工具图库"，如图7-231所示，拖拽紧固件到设计环境，在随后的对话框中选择参数，如图7-232所示，单击"下一步"，找到M14×35螺钉单击"确定"。用三维球的装配方法将螺钉装入，使定模板与定模垫板固定，如图7-233所示。安装止转螺钉、销（用圆柱代替）、垫块、热流道系统等零件。最后装配定模座板、定位圈、内六角圆柱头螺钉、管接头，如图7-234所示。装配其他零件后如图7-235所示。剩余零件由操作者按需完成。

图7-227　选择"同轴"

图7-228　没有干涉

图7-229　装定模镶块

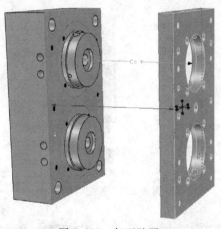

图7-230　各面贴严

图7-231　打开工具图库

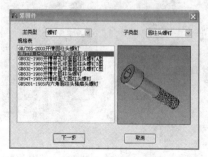

图7-232　找到螺钉

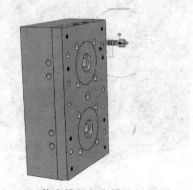

图7-233　使定模板与定模垫板固定

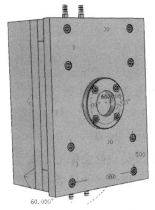

图 7-234 安装螺钉、销等零件

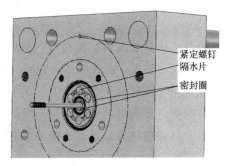

图 7-235 装配完成

紧定螺钉
隔水片
密封圈

【课题解析及评价】

在前一课题中学会了三维零件造型方法之一——利用智能图素库+包围盒+二维球的造型方法，以及利用三维球装配的方法。在本课题中，首先要继续学习单个零件三维造型的基本功能，如：直接利用 CAXA 二维图板已绘制的图样（可避免繁琐的草图绘制）进行拉伸、旋转等三维图形的建立，进一步熟悉三维球的造型功能和装配功能。并要学会无约束装配功能、定位约束装配功能，并能利用这些功能对模具零件三维造型；并把塑料模具零件装配成整体的塑料模具，达到加深对塑料模进一步认识的目的。

课题任务上机操作按步骤考核评分。

【想想练练】

想一想：

1. 无约束装配的特点是什么？它适合什么样的工件装配？

2. 约束装配的特点是什么？如何使用约束装配？

练一练：

1. 根据 CAXA 二维图板的塑料模图样，利用 CAXA 实体设计软件将塑料模的零件图做成三维立体图形。

2. 用自己做的三维图形装配成立体装配图并检查干涉情况。

参 考 文 献

[1] 朱磊．模具装配调试与维修［M］．北京：机械工业出版社，2012.

[2] 李卫民，王英．模具制作与装配［M］．北京：机械工业出版社，2013.

[3] 应龙泉．模具制作实训［M］．北京：人民邮电出版社，2007.

[4] 金勤明．复杂模具安装调试与维修［M］．北京：中国劳动社会保障出版社，2007.

[5] 杨安昌．塑料异型材制品缺陷及其对策［M］．北京：化学工业出版社，2006.